Vorwort

Luft als Arbeitsmedium lässt sich über Jahrtausende zurückverfolgen. Der Wind als Antrieb für Segelschiffe und Windmühlen ist jedem bekannt.

Das Wort Pneumatik leitet sich von dem griechischen Wort Pneuma ab, das so viel wie Atem oder Hauch bedeutet. Allgemein versteht man unter Pneumatik die Lehre von Luftbewegungen und Luftvorgängen.

Pneumatik und Elektropneumatik werden in vielen Bereichen der industriellen Automatisierungstechnik erfolgreich eingesetzt. Fertigungs-, Montage- und Verpackungsanlagen werden weltweit mit elektropneumatischen Steuerungen betrieben. Technologische Fortschritte bei Material, Konstruktions- und Produktionsverfahren haben die Qualität und Vielfalt der pneumatischen Bauelemente zusätzlich verbessert und somit zu einem verbreiteten Einsatz beigetragen.

Der Wandel in den Anforderungen und die technischen Entwicklungen haben das Aussehen der Steuerungen deutlich verändert. Im Signalsteuerteil ist das Relais in vielen Anwendungsbereichen zunehmend durch die speicherprogrammierbare Steuerung ersetzt worden, um der gestiegenen Anforderung nach Flexibilität gerecht zu werden. Moderne elektropneumatische Steuerungen weisen auch im Leistungsteil den Ansprüchen der industriellen Praxis angepasste neue Konzepte auf. Als Beispiele seien hier nur die Schlagworte Ventilinsel, Busvernetzung und Proportionalpneumatik genannt.

Jede Leserin und jeder Leser dieses Buches sind eingeladen, durch Tipps, Kritik und Anregungen zur Verbesserung des Buches beizutragen. Wir bitten, Hinweise und Anregungen an did@de.festo.com oder Festo Didactic GmbH & Co. KG, Postfach 10 07 10, 73707 Esslingen zu richten.

Die Verfasser

1 Anwendungen in der Automatisierungstechnik

1.1 Überblick

Die Pneumatik spielt in der automatisierten Arbeitswelt eine große Rolle und gewinnt noch an Bedeutung. Viele Fertigungsprozesse wären ohne Pneumatik nicht denkbar. In den folgenden Branchen gehört die Pneumatik als fester Bestandteil zu fast jeder Fertigungsanlage:

- Automobilindustrie
- Chemie, Petrochemie und Pharmaindustrie
- Druck- und Papierindustrie
- Maschinenbau
- Nahrungsmittelindustrie
- Trink- und Abwassertechnik
- Verpackungsindustrie

Die Pneumatik kommt dabei für die Ausführung der folgenden Funktionen zum Einsatz:

- Erfassen von Zuständen durch Eingabeelemente (Sensoren)
- Informationsverarbeitung mit Verarbeitungselementen (Prozessoren)
- Schalten von Arbeitselementen durch Stellelemente
- Verrichten von Arbeit mit Arbeitselementen (Antrieben)

Zur Steuerung von Maschinen und Anlagen ist der Aufbau einer meist komplexen logischen Verkettung von Zuständen und Schaltbedingungen notwendig. Dies geschieht durch das Zusammenwirken von Sensoren, Prozessoren, Stellelementen und Antrieben in pneumatischen oder teilpneumatischen Systemen.

Der technologische Fortschritt bei Material, Konstruktions- und Produktionsverfahren hat die Qualität und Vielfalt der pneumatischen Bauelemente zusätzlich verbessert und somit zu einem verbreiteten Einsatz in der Automatisierungstechnik beigetragen.

Einige Anwendungsgebiete, in denen Pneumatik eingesetzt wird, sind nachfolgend aufgeführt:

- allgemein in der Handhabungstechnik:
  - Spannen von Werkstücken
  - Verschieben von Werkstücken
  - Positionieren von Werkstücken
  - Orientieren von Werkstücken
  - Verzweigen eines Materialflusses

- allgemeiner Einsatz in verschiedenen Fachgebieten
  - Verpacken
  - Befüllen
  - Dosieren
  - Verriegeln
  - Materialtransport
  - Drehen von Werkstücken
  - Vereinzeln von Werkstücken
  - Stapeln von Werkstücken
  - Prägen und Pressen von Werkstücken

1.2 Eigenschaften der Pneumatik

Parameter	Kommentar
Menge	Luft ist praktisch überall in unbegrenzter Menge verfügbar.
Transport	Luft kann sehr einfach in Rohrleitungen über weite Strecken transportiert werden.
Speicherfähigkeit	Druckluft kann in einem Druckbehälter gespeichert und von dort entnommen werden. Der Druckbehälter (Flasche) kann zusätzlich noch transportabel sein.
Temperatur	Druckluft ist nahezu unempfindlich gegen Temperaturschwankungen. Dies garantiert einen zuverlässigen Betrieb selbst unter extremen Bedingungen.
Sicherheit	Druckluft bietet kein Risiko in Bezug auf Feuer- oder Explosionsgefahr.
Sauberkeit	Nichtgeölte entweichende Druckluft verursacht keine Umweltverschmutzung.
Aufbau	Die Arbeitselemente sind einfach in ihrem Aufbau und daher preiswert.
Geschwindigkeit	Druckluft ist ein schnelles Arbeitsmedium. Es können hohe Kolbengeschwindigkeiten und kurze Schaltzeiten erzielt werden.
Überlastsicherung	Pneumatische Werkzeuge und Arbeitselemente können bis zum Stillstand belastet werden und sind somit überlastsicher.

Tabelle 1.1: Merkmale und Vorteile der Pneumatik

Parameter	Kommentar
Aufbereitung	Druckluft muss aufbereitet werden, da sonst die Gefahr erhöhten Verschleißes der Pneumatikkomponenten durch Schmutzpartikel und Kondenswasser besteht.
Verdichtung	Mit Druckluft ist es nicht möglich, gleichmäßige und konstante Kolbengeschwindigkeiten zu erzielen.
Kraft	Druckluft ist nur bis zu einem bestimmten Kraftbedarf wirtschaftlich. Bei dem normalerweise verwendeten Betriebsdruck von 600 bis 700 kPa (6 bis 7 bar) und in Abhängigkeit von Hub und Geschwindigkeit liegt diese Grenze zwischen 40.000 und 50.000 N.
Abluft	Das Entweichen der Luft ist mit hoher Geräuschentwicklung verbunden. Dieses Problem kann aber weitgehend durch schallabsorbierende Materialien und Schalldämpfer gelöst werden.

Tabelle 1.2: Nachteile der Pneumatik

Der Vergleich mit anderen Energieformen ist eine wichtige Voraussetzung für den Einsatz der Pneumatik als Steuer- oder Arbeitsmedium. Diese Beurteilung umfasst das Gesamtsystem, angefangen von den Eingangssignalen (Sensoren), über den Steuerteil (Prozessor), bis hin zu den Stellelementen und Antrieben. Zusätzlich müssen noch folgende Faktoren betrachtet werden:

- bevorzugte Steuermedien
- vorhandene Ausrüstung
- vorhandenes Fachwissen
- bereits vorhandene Systeme

1.2.1 Kriterien für Arbeitsmedien

Arbeitsmedien sind:

- elektrischer Strom (Elektrik)
- Flüssigkeiten (Hydraulik)
- Druckluft (Pneumatik)
- Kombination obiger Medien

Auswahlkriterien und Systemeigenschaften, die beim Einsatz der Arbeitsmedien zu berücksichtigen sind:

- Kraft
- Hub
- Bewegungsart (linear, schwenkend, rotierend)
- Geschwindigkeit
- Lebensdauer
- Sicherheit und Zuverlässigkeit
- Energiekosten
- Bedienbarkeit
- Speicherfähigkeit

1.2.2 Kriterien für Steuermedien

Steuermedien sind:

- mechanische Verbindungen (Mechanik)
- elektrischer Strom (Elektrik, Elektronik)
- Flüssigkeiten (Hydraulik)
- Druckluft (Pneumatik, Niederdruck-Pneumatik)

Auswahlkriterien und Systemeigenschaften, die beim Einsatz der Steuermedien zu berücksichtigen sind:

- Zuverlässigkeit der Bauteile
- Empfindlichkeit gegenüber Umwelteinflüssen
- Wartungs- und Reparaturfreundlichkeit
- Schaltzeit der Bauteile
- Signalgeschwindigkeit
- Platzbedarf
- Lebensdauer
- Veränderbarkeit des Systems
- Schulungsaufwand

1.3 Entwicklung pneumatischer Steuerungssysteme

In der Pneumatik gibt es folgende Produktgruppen:

- Antriebe
- Sensoren und Eingabegeräte
- Prozessoren
- Zubehörteile
- komplette Steuerungssysteme

Bei der Entwicklung pneumatischer Steuerungssysteme müssen folgende Gesichtspunkte beachtet werden:

- Zuverlässigkeit
- Wartungsfreundlichkeit
- Ersatzteilkosten
- Montage und Anschluss
- Instandhaltungskosten
- Austauschbarkeit und Anpassungsfähigkeit
- Kompakte Bauweise
- Wirtschaftlichkeit
- Dokumentation

2 Grundbegriffe der Pneumatik

2.1 Physikalische Grundlagen

Luft ist ein Gasgemisch und hat die folgende Zusammensetzung:
- ca. 78 Vol. % Stickstoff
- ca. 21 Vol. % Sauerstoff

Zusätzlich sind Spuren von Kohlendioxid, Argon, Wasserstoff, Neon, Helium, Krypton und Xenon enthalten.

Zum besseren Verständnis der Gesetzmäßigkeiten der Luft sind nachfolgend die hierbei auftretenden physikalischen Größen aufgeführt. Die Angaben erfolgen im „Internationalen Einheitensystem", kurz SI genannt.

Größe	Formelzeichen	Einheiten
Länge	l	Meter (m)
Masse	m	Kilogramm (kg)
Zeit	t	Sekunde (s)
Temperatur	T	Kelvin (K, 0 °C = 273,15 K)

Tabelle 2.1: Basiseinheiten

Größe	Formelzeichen	Einheiten
Kraft	F	Newton (N)
Fläche	A	Quadratmeter (m^2)
Volumen	V	Kubikmeter (m^3)
Volumenstrom	q_v	Kubikmeter pro Sekunde (m^3/s)
Druck	p	Pascal (Pa) 1 Pa = 1 N/m^2 1 bar = 10^5 Pa

Tabelle 2.2: Abgeleitete Einheiten

2.1.1 Newton'sches Gesetz

Das Newton'sche Gesetz stellt den Zusammenhang zwischen Kraft, Masse und Beschleunigung dar: Kraft = Masse · Beschleunigung

$$F = m \cdot a$$

Beim freien Fall wird a durch die Fallbeschleunigung $g = 9{,}81\ m/s^2$ ersetzt.

2.1.2 Druck

1 Pa entspricht dem Druck, den eine senkrecht wirkende Kraft von 1 N auf eine Fläche von 1 m^2 ausübt.

Der Druck, der direkt auf der Erdoberfläche herrscht, wird als atmosphärischer Druck (p_{amb}) bezeichnet. Dieser Druck wird auch Bezugsdruck genannt. Der Bereich oberhalb dieses Drucks heißt Überdruckbereich ($p_e > 0$), der Bereich unterhalb heißt Unterdruckbereich ($p_e < 0$). Die atmosphärische Druckdifferenz p_e berechnet sich nach der Formel:

$$p_e = p_{abs} - p_{amb}$$

Dies wird durch das folgende Diagramm verdeutlicht:

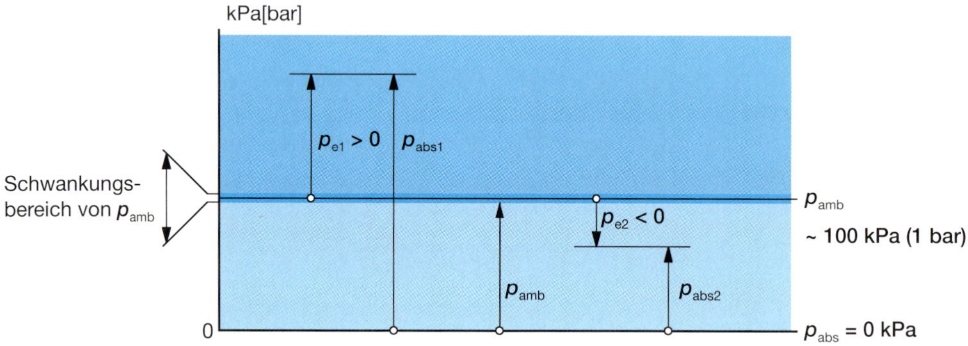

Bild 2.1: Luftdruck

Der atmosphärische Druck ist nicht konstant. Sein Wert ändert sich mit der geografischen Lage und dem Wetter.

Der absolute Druck p_{abs} ist der auf Druck Null – Vakuum – bezogene Wert. Er ist gleich der Summe des atmosphärischen Drucks und des Über- bzw. Unterdrucks. In der Praxis werden hauptsächlich Druckmessgeräte verwendet, die nur den Überdruck p_e anzeigen. Der absolute Druckwert p_{abs} ist ungefähr 100 kPa (1 bar) höher.

In der Pneumatik ist es üblich, sämtlichen Angaben über Luftmengen auf den sogenannten Normzustand zu beziehen. Der Normzustand nach DIN 1343 ist ein durch Normtemperatur und Normdruck festgelegter Zustand eines festen, flüssigen oder gasförmigen Stoffes.

- Normtemperatur T_n = 273,15 K, t_n = 0 °C
- Normdruck p_n = 101325 Pa = 1,01325 bar

2.2 Eigenschaften der Luft

Charakteristisch für die Luft ist die sehr geringe Kohäsion, d.h. die Kräfte zwischen den Luftmolekülen sind bei den in der Pneumatik üblichen Betriebsbedingungen zu vernachlässigen. Wie alle Gase hat daher auch die Luft keine bestimmte Gestalt. Sie verändert ihre Form bei geringster Krafteinwirkung und nimmt den maximalen ihr zur Verfügung stehenden Raum ein.

2.2.1 Boyle-Mariott'sches Gesetz

Die Luft lässt sich verdichten (Kompression) und hat das Bestreben sich auszudehnen (Expansion). Diese Eigenschaften beschreibt das Boyle-Mariott'sche Gesetz: Das Volumen einer abgeschlossenen Gasmenge ist bei konstanter Temperatur umgekehrt proportional zum absoluten Druck, oder das Produkt aus Volumen und absolutem Druck ist für eine bestimmte Gasmenge konstant.

$$p_1 \cdot V_1 = p_2 \cdot V_2 = p_3 \cdot V_3 = \text{konstant}$$

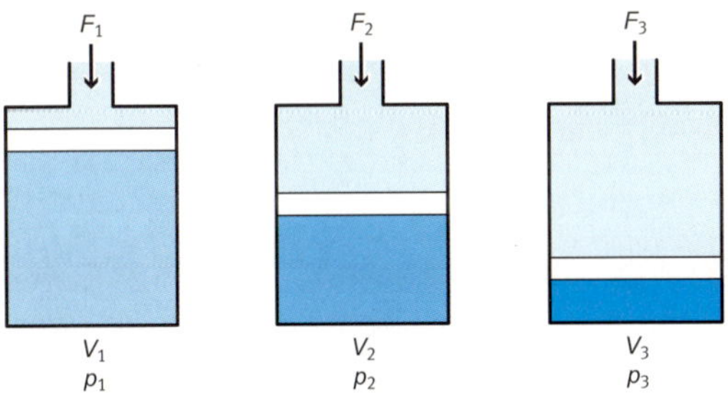

Bild 2.2: Boyle-Mariott'sches Gesetz

Rechenbeispiel

Luft wird bei atmosphärischem Druck auf 1/7 ihres Volumens verdichtet. Welcher Druck stellt sich ein, wenn die Temperatur konstant bleibt?

$$p_1 \cdot V_1 = p_2 \cdot V_2$$

$$p_2 = p_1 \cdot \frac{V_1}{V_2}, \text{ Anmerkung: } \frac{V_2}{V_1} = \frac{1}{7}$$

$$p_1 = p_{amb} = 100 \text{ kPa} = 1 \text{ bar}$$
$$p_2 = 1 \cdot 7 = 700 \text{ kPa} = 7 \text{ bar absolut}$$

Daraus folgt: $p_e = p_{abs} - p_{amb}$ = (700 – 100) kPa = 600 kPa = 6 bar

Ein Verdichter, der einen Überdruck von 600 kPa (6 bar) erzeugt, hat ein Verdichtungsverhältnis von 7:1.

2.2.2 Gay-Lussac'sches Gesetz

Luft dehnt sich bei konstantem Druck, einer Temperatur von 273 K und einer Erwärmung von 1 K um 1/273 ihres Volumens aus. Das Gay-Lussac'sche Gesetz lautet: Das Volumen einer abgeschlossenen Gasmenge ist der absoluten Temperatur proportional, solange der Druck nicht geändert wird.

$\frac{V_1}{V_2} = \frac{T_1}{T_2}$, V_1 = Volumen bei T_1, V_2 = Volumen bei T_2

oder

$$\frac{V}{T} = \text{konstant}$$

Die Volumenänderung ΔV ist: $\Delta V = V_2 - V_1 = V_1 \cdot \frac{T_2 - T_1}{T_1}$

Für V_2 gilt: $V_2 = V_1 + \Delta V = V_1 + \frac{V_1}{T_1} \cdot (T_2 - T_1)$

Die vorstehenden Gleichungen gelten nur, wenn die Temperaturen in K eingesetzt werden. Um in °C rechnen zu können, ist die folgende Formel zu verwenden:

$$V_2 = V_1 + \frac{V_1}{273\ °\text{C} + T_1} \cdot (T_2 - T_1)$$

Rechenbeispiel

0,8 m^3 Luft mit der Temperatur T_1 = 293 K (20 °C) werden auf T_2 = 344 K (71 °C) erwärmt. Wie stark dehnt sich die Luft aus?

$$V_2 = 0{,}8\ m^3 + \frac{0{,}8\ m^3}{293\ K} \cdot (344\ K - 293\ K)$$

$$V_2 = 0{,}8\ m^3 + 0{,}14\ m^3 = 0{,}94\ m^3$$

Die Luft hat sich um 0,14 m^3 auf 0,94 m^3 ausgedehnt.

Wird das Volumen während der Erwärmung konstant gehalten, ergibt sich für die Druckzunahme die folgende Formel:

$$\frac{p_1}{p_2} = \frac{T_1}{T_2}$$

oder

$$\frac{p}{T} = \text{konstant}$$

2.2.3 Allgemeine Gasgleichung

Den ganzen Gesetzmäßigkeiten wird die allgemeine Gasgleichung gerecht:

$$\frac{p_1 \cdot V_1}{T_1} = \frac{p_2 \cdot V_2}{T_2} = \text{konstant}$$

Bei einer abgeschlossenen Gasmenge ist das Produkt aus absolutem Druck und Volumen geteilt durch die absolute Temperatur konstant.

Aus dieser allgemeinen Gasgleichung erhält man die vorher genannten Gesetze, wenn jeweils einer der drei Faktoren p, V oder T konstant gehalten wird.

- Druck p konstant ⇒ isobare Änderungen
- Volumen V konstant ⇒ isochore Änderungen
- Temperatur T konstant ⇒ isotherme Änderungen

3 Drucklufterzeugung und Druckluftzufuhr

3.1 Aufbereitung der Druckluft

Um die Zuverlässigkeit einer pneumatischen Steuerung gewährleisten zu können, muss die Druckluft in ausreichender Qualität zugeführt werden. Hierzu zählen folgende Faktoren:

- korrekter Druck
- trockene Luft
- gereinigte Luft

Wenn diese Anforderungen nicht eingehalten werden, so kann dies zu erhöhten Maschinenausfallzeiten, verbunden mit höheren Betriebskosten, führen.

Die Erzeugung der Druckluft beginnt mit der Verdichtung. Die Druckluft durchströmt eine ganze Reihe von Bauelementen, bevor sie zum Verbraucher gelangt. Der Verdichtertyp und dessen Standort beeinflussen mehr oder weniger die Menge an Schmutzpartikeln, Öl und Wasser, die in ein pneumatisches System gelangen. Folgende Bauelemente sollten zur Aufbereitung der Druckluft verwendet werden:

- Ansaugfilter
- Verdichter
- Druckluftspeicher
- Trockner
- Druckluft-Filter mit Wasserabscheider
- Druckregler
- Öler (bei Bedarf)
- Ablassstellen für das Kondensat

3.1.1 Auswirkungen unzureichend aufbereiteter Druckluft

Schlecht aufbereitete Luft erhöht die Anzahl der Störungen und setzt die Lebensdauer pneumatischer Systeme herab. Dies macht sich folgendermaßen bemerkbar:

- Erhöhter Verschleiß an Dichtungen und beweglichen Teilen in Ventilen und Zylindern
- Verölte Ventile
- Verunreinigte Schalldämpfer
- Korrosion in Rohren, Ventilen, Zylindern und anderen Bauteilen
- Auswaschen der Schmierung beweglicher Bauteile

Bei Undichtigkeiten kann austretende Druckluft die zu bearbeitenden Materialien (z. B. Lebensmittel) beeinträchtigen.

3.1.2 Druckniveau

In der Regel werden pneumatische Bauelemente für einen maximalen Betriebsdruck von 800 bis 1000 kPa (8 bis 10 bar) ausgelegt. Für einen wirtschaftlichen Betrieb ist allerdings ein Druck von 600 kPa (6 bar) ausreichend. Aufgrund von Strömungswiderständen in den einzelnen Bauteilen (z. B. Drosseln) und in den Rohrleitungen muss mit einem Druckverlust zwischen 10 und 50 kPa (0,1 und 0,5 bar) gerechnet werden. Deshalb sollte die Verdichteranlage einen Druck von 650 bis 700 kPa (6,5 bis 7 bar) liefern, um den gewünschten Betriebsdruck von 600 kPa (6 bar) sicherzustellen.

3.2 Verdichter (Kompressoren)

Die Auswahl eines Verdichters hängt vom Arbeitsdruck und von der benötigten Luftmenge ab. Man unterscheidet Verdichter nach ihrer Bauart.

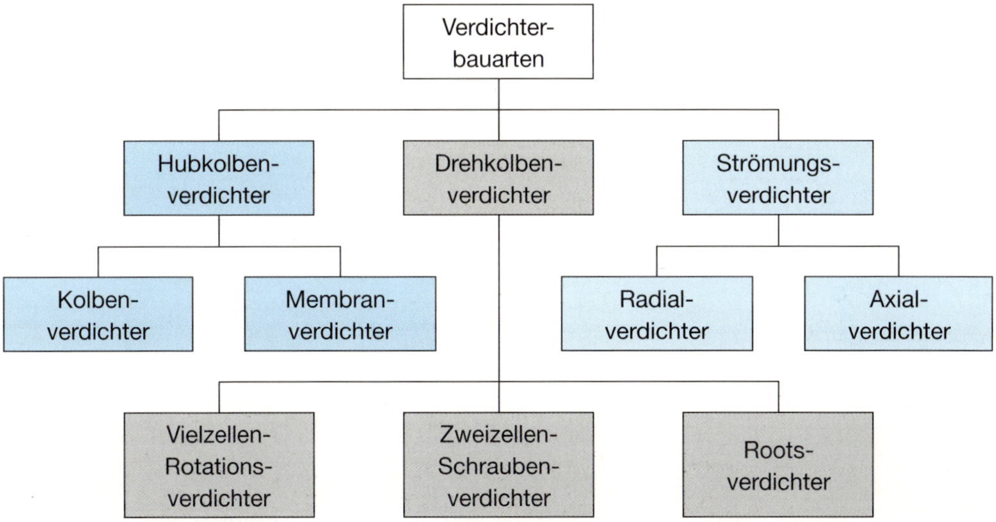

Bild 3.1: Verdichterbauarten

3.2.1 Hubkolbenverdichter

Ein Hubkolben verdichtet die über ein Einlassventil angesaugte Luft. Über ein Auslassventil wird die Luft weitergegeben.

Hubkolbenverdichter werden häufig eingesetzt, da sie für große Druckbereiche erhältlich sind. Zur Erzeugung höherer Drücke werden mehrstufige Verdichter verwendet. Die Luft wird dabei zwischen den einzelnen Verdichterstufen abgekühlt.

Die optimalen Druckbereiche für Hubkolbenverdichter liegen bei:

bis 400 kPa	(4 bar)	einstufig
bis 1500 kPa	(15 bar)	zweistufig
über 1500 kPa	(> 15 bar)	drei- oder mehrstufig

Mögliche, aber nicht immer wirtschaftliche Druckbereiche sind:

bis 1200 kPa	(12 bar)	einstufig
bis 3000 kPa	(30 bar)	zweistufig
über 3000 kPa	(> 30 bar)	drei- oder mehrstufig

Bild 3.2: Schnittbild eines einstufigen Hubkolbenverdichters

3.2.2 Membranverdichter

Der Membranverdichter gehört zur Gruppe der Hubkolbenverdichter. Der Verdichterraum ist durch eine Membran vom Kolben getrennt. Dies hat den Vorteil, dass kein Öl vom Verdichter in den Luftstrom gelangen kann. Der Membranverdichter wird daher häufig in der Lebensmittelindustrie, pharmazeutischen und chemischen Industrie eingesetzt.

3.2.3 Drehkolbenverdichter

Beim Drehkolbenverdichter wird die Luft mit rotierenden Kolben verdichtet. Während des Verdichtungsvorgangs wird dabei der Verdichtungsraum kontinuierlich verengt.

3.2.4 Schraubenverdichter

Zwei Wellen (Läufer) mit schraubenförmigen Profilen drehen gegeneinander. Das ineinander greifende Profil fördert und verdichtet dabei die Luft.

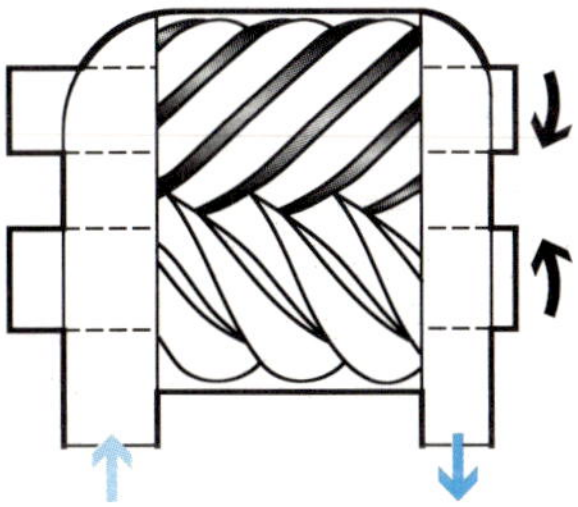

Bild 3.3: Schnittbild eines Schraubenverdichters

3.2.5 Strömungsverdichter

Sie sind besonders für große Liefermengen geeignet. Strömungsverdichter werden in axialer und radialer Bauweise hergestellt. Die Luft wird mit einem oder mehreren Turbinenrädern in Strömung versetzt. Die Bewegungsenergie wird in Druckenergie umgesetzt. Bei einem Axialverdichter erfolgt die Beschleunigung der Luft durch die Schaufeln in axialer Durchströmungsrichtung.

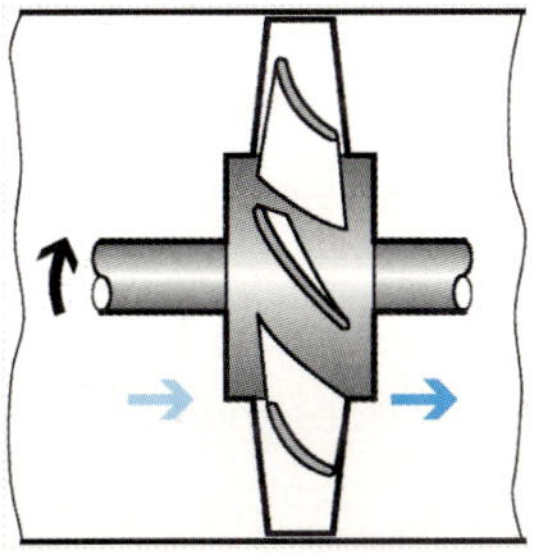

Bild 3.4: Schnittbild eines Axialverdichters

3.2.6 Regelung

Um die Liefermenge des Verdichters dem schwankenden Bedarf anzupassen, ist eine Regelung des Verdichters notwendig. Zwischen einstellbaren Grenzwerten für Maximal- und Minimaldruck wird die Liefermenge geregelt. Es gibt verschiedene Arten der Regelung:

- Leerlaufregelung
  - Abblasregelung
  - Absperrregelung
  - Greiferregelung

- Teillastregelung — Drehzahlregelung, Saugdrosselregelung
- Aussetzerregelung

Leerlaufregelung
Bei der Abblasregelung arbeitet der Verdichter gegen ein Druckbegrenzungsventil. Ist der eingestellte Druck erreicht, öffnet das Druckbegrenzungsventil, die Luft wird ins Freie abgeblasen. Ein Rückschlagventil verhindert das Entleeren des Behälters. Diese Regelung wird nur bei sehr kleinen Anlagen eingesetzt.

Bei der Absperrregelung wird die Saugseite abgesperrt. Der Verdichter kann nicht ansaugen. Diese Art der Regelung wird vor allem bei Drehkolbenverdichtern eingesetzt.

Bei größeren Kolbenverdichtern wird die Greiferregelung verwendet. Ein Greifer hält das Saugventil offen, der Verdichter kann keine Luft verdichten.

Teillastregelung
Bei der Drehzahlregelung wird die Drehzahl des Antriebsmotors des Verdichters in Abhängigkeit vom erreichten Druck geregelt.

Bei der Saugdrosselregelung erfolgt die Regelung durch eine Drosselung im Saugstutzen des Verdichters.

Aussetzerregelung
Bei dieser Regelung nimmt der Verdichter die Betriebszustände Volllast und Ruhe ein. Der Antriebsmotor des Verdichters wird beim Erreichen von p_{max} abgeschaltet, beim Erreichen von p_{min} eingeschaltet.

3.2.7 Einschaltdauer

Es ist empfehlenswert, eine Einschaltdauer von ca. 75 % für einen Verdichter zu erzielen. Hierzu ist es notwendig, den Durchschnitts- und den Höchstluftbedarf einer pneumatischen Anlage zu bestimmen und die Auswahl des Verdichters darauf abzustimmen. Ist abzusehen, dass der Luftbedarf durch Erweiterungen der Anlage zunehmen wird, so sollte der Druckluftversorgungsteil größer ausgelegt werden, denn eine nachträgliche Erweiterung ist immer mit hohen Kosten verbunden.

3.3 Druckluftspeicher

Zur Stabilisierung der Druckluft wird dem Verdichter ein Druckluftspeicher nachfolgend angeordnet. Der Druckluftspeicher gleicht Druckschwankungen bei der Entnahme der Druckluft vom System aus. Sinkt der Druck im Druckluftspeicher unter einen bestimmten Wert ab, so füllt ihn der Verdichter solange auf, bis der eingestellte obere Druckwert wieder erreicht wird. Dies hat den Vorteil, dass der Verdichter nicht im Dauerbetrieb arbeiten muss.

Durch die relativ große Oberfläche des Speichers wird die Druckluft im Druckluftspeicher abgekühlt. Dabei wird Kondenswasser ausgeschieden, das über einen Ablasshahn regelmäßig abgelassen werden muss.

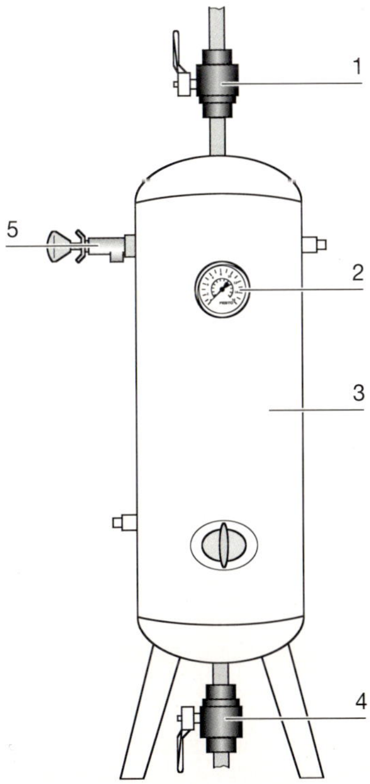

1 Absperrventil
2 Manometer
3 Druckluftspeicher
4 Ablasshahn
5 Druckbegrenzungsventil

Bild 3.5: Druckluftspeicher

Die Größe des Druckluftspeichers hängt von folgenden Kriterien ab:

- Fördermenge des Verdichters
- Luftbedarf des Systems
- Leitungsnetz (als zusätzliches Volumen)
- Regelung des Verdichters
- zulässige Druckschwankungen im Netz

Beispiel: Speichervolumen eines Druckluftspeichers

Vorgaben:	Liefermenge	q_L	=	20 m³/min
	Druckdifferenz	Δp	=	100 kPa (1 bar)
	Schaltspiele/h	z	=	20 h⁻¹
Ergebnis:	Behältergröße	V_B	=	15 m³
	(siehe gestrichelte Linie in Bild 3.6)			

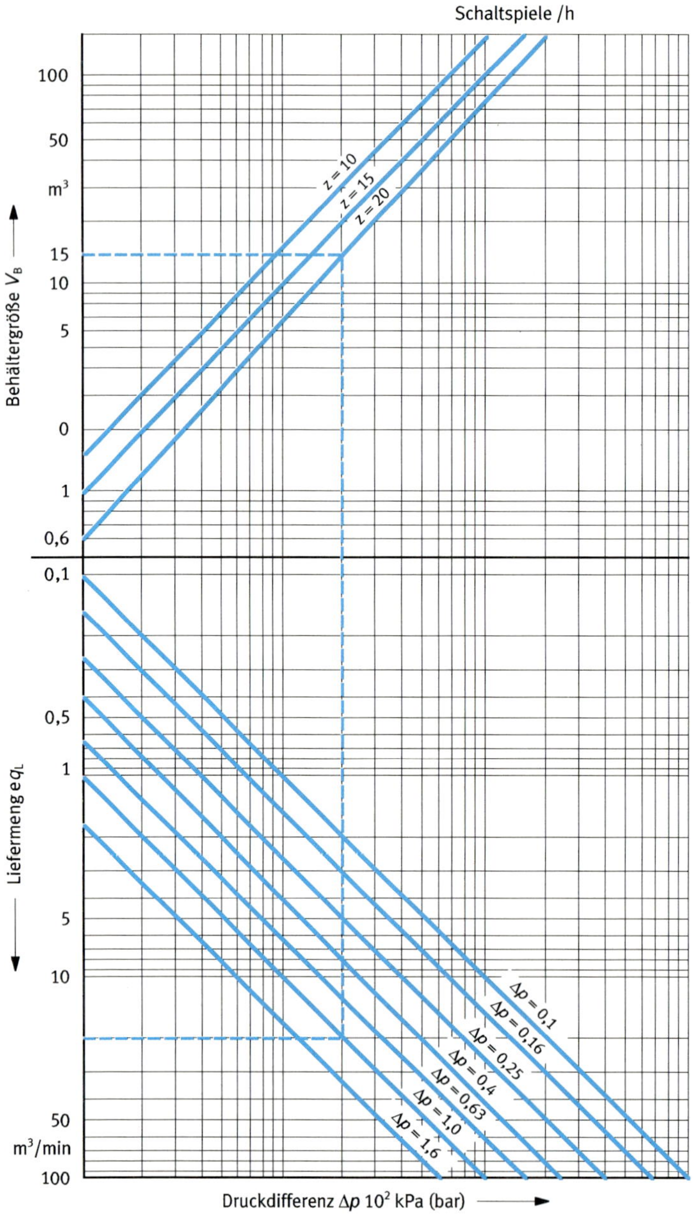

Bild 3.6: Ermittlung des Speichervolumens

3.4 Lufttrockner

Feuchtigkeit (Wasser) gelangt durch die angesaugte Luft des Verdichters in das Luftnetz. Der Feuchtigkeitsanfall hängt in erster Linie von der relativen Luftfeuchtigkeit ab. Die relative Luftfeuchtigkeit ist abhängig von der Lufttemperatur und der Wetterlage.

Die absolute Feuchtigkeit ist die Wasserdampfmenge, die in einem m^3 Luft tatsächlich enthalten ist. Die Sättigungsmenge ist die Wasserdampfmenge, die ein m^3 Luft bei der betreffenden Temperatur maximal aufnehmen kann.

Wird die relative Luftfeuchtigkeit in Prozent angegeben, gilt die Formel:

$$\text{relative Feuchtigkeit} = \frac{\text{absolute Feuchtigkeit}}{\text{Sättigungsmenge}} \cdot 100\ \%$$

Da die Sättigungsmenge temperaturabhängig ist, ändert sich die relative Feuchtigkeit mit der Temperatur, auch wenn die absolute Feuchtigkeit konstant bleibt. Wird der Taupunkt erreicht, steigt die relative Feuchtigkeit auf 100 % an.

Taupunkt

Mit Taupunkt wird die Temperatur bezeichnet, bei der die relative Feuchtigkeit 100 % erreicht hat. Senkt man die Temperatur weiter ab, beginnt der enthaltene Wasserdampf zu kondensieren. Je tiefer die Temperatur abgesenkt wird, desto mehr Wasserdampf kondensiert.

Zu große Feuchtigkeitsmengen in der Druckluft setzen die Lebensdauer pneumatischer Systeme herab. Daher ist es notwendig, Lufttrockner zwischenzuschalten, um den Feuchtigkeitsgehalt der Luft zu senken. Zum Trocknen der Luft stehen folgende Verfahren zur Verfügung:

- Kältetrocknung
- Adsorptionstrocknung
- Absorptionstrocknung

Drucktaupunkt

Damit man verschiedene Trockneranlagen vergleichen kann, muss der Betriebsdruck der Anlage berücksichtigt werden. Hierzu wird der Begriff Drucktaupunkt benutzt. Der Drucktaupunkt ist die Lufttemperatur, die in einem Trockner bei Betriebsdruck erreicht wird. Der Drucktaupunkt der getrockneten Luft sollte ca. 2 bis 3 °C unter der kühlsten Umgebungstemperatur liegen. Verminderte Wartungskosten, kürzere Stillstandszeiten und eine erhöhte Systemzuverlässigkeit amortisieren die Zusatzkosten für einen Lufttrockner relativ schnell.

3.4.1 Kältetrockner

Der am häufigsten eingesetzte Lufttrockner ist der Kältetrockner. Die durchströmende Luft wird in einem Wärmetauscher gekühlt. Die im Luftstrom enthaltene Feuchtigkeit wird ausgeschieden und in einem Abscheider gesammelt.
Die in den Kältetrockner eintretende Luft wird in einem Wärmetauscher von der austretenden kalten Luft vorgekühlt. Sie wird dann im Kälteaggregat auf Temperaturen zwischen +2 und +5 °C abgekühlt. Die getrocknete Druckluft wird gefiltert. Bei ihrem Austritt aus dem Kältetrockner wird die Druckluft im Wärmetauscher durch die eintretende Luft wieder erwärmt.
Mit der Kältetrocknung ist es möglich, Drucktaupunkte zwischen +2 und +5 °C zu erreichen.

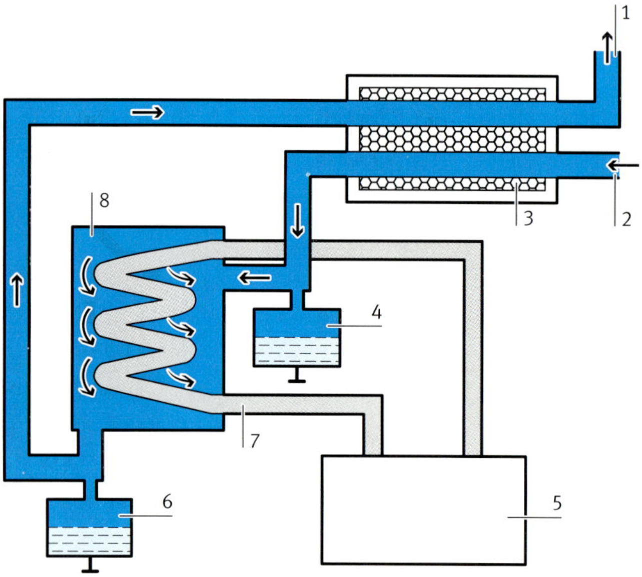

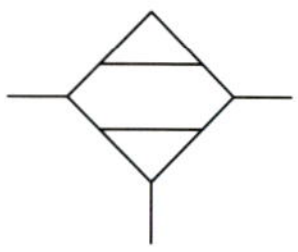

1 Luftaustritt
2 Lufteintritt
3 Luft-Luft-Wärmetauscher
4 Abscheider
5 Kältemaschine
6 Abscheider
7 Kältemittel
8 Kälteaggregat

Bild 3.7: Kältetrockner

3.4.2 Adsorptionstrockner

Adsorbieren: Stoffe werden an der Oberfläche fester Körper abgelagert.
Das Trocknungsmittel, auch Gel genannt, ist ein Granulat, das größtenteils aus Siliziumdioxid besteht.
Es werden immer zwei Adsorber verwendet. Ist das Gel im ersten Adsorber gesättigt, so wird auf den zweiten Adsorber umgeschaltet. Der erste Adsorber wird dann durch Heißlufttrocknung regeneriert.
Durch Adsorptionstrocknung können Drucktaupunkte bis –90 °C erreicht werden.

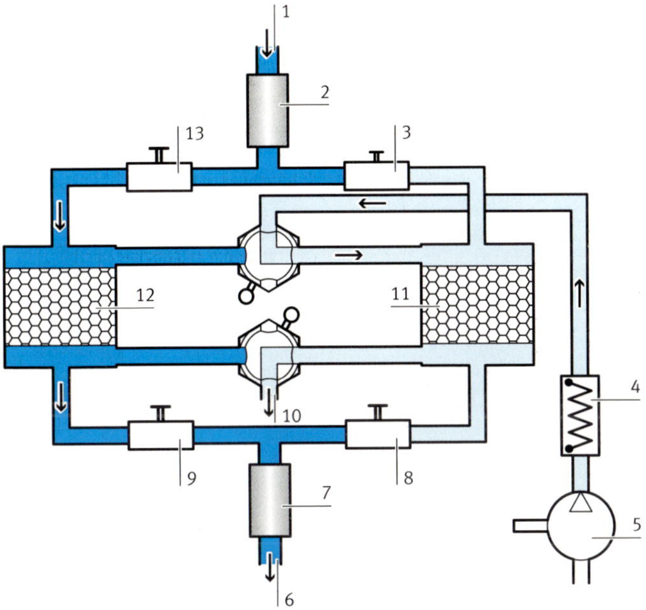

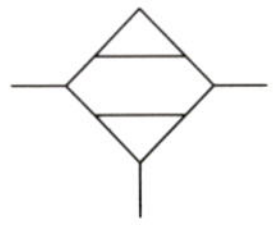

1 Nassluft
2 Vorfilter (Ölfilter)
3 Absperrventil (geschlossen)
4 Heizkörper
5 Ventilator
6 Trockenluft
7 Nachfilter
8 Absperrventil (geschlossen)
9 Absperrventil (offen)
10 Heißluft
11 Adsorber 2
12 Adsorber 1
13 Absperrventil (offen)

Bild 3.8: Adsorptionstrockner

3.4.3 Absorptionstrockner

Absorption: Ein fester oder flüssiger Stoff bindet einen gasförmigen Stoff.
Bei der Absorptionstrocknung handelt es sich um ein rein chemisches Verfahren. Aufgrund der hohen Betriebskosten wird diese Trocknungsart selten eingesetzt.

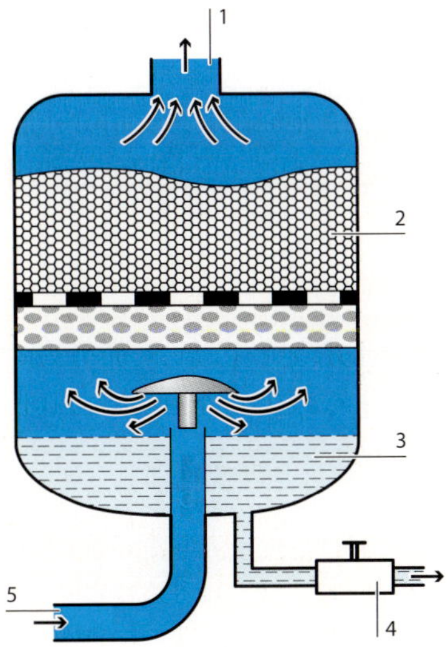

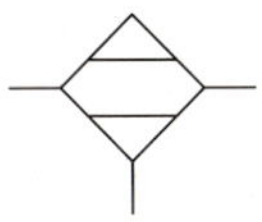

1 Austritt der Trockenluft
2 Schmelzmittel
3 Kondensat
4 Kondensatablass
5 Eintritt der Nassluft

Bild 3.9: Absorptionstrockner

In einem Vorfilter wird die Druckluft von größeren Wasser- und Öltropfen gereinigt. Beim Eintritt in den Trockner wird die Druckluft in Rotation versetzt und durchströmt den Trocknungsraum, der mit einem Schmelzmittel (Trocknungsmasse) gefüllt ist. Die Feuchtigkeit verbindet sich mit dem Schmelzmittel und löst es auf. Diese flüssige Verbindung gelangt dann in den unteren Auffangraum.

Das Gemisch muss regelmäßig abgelassen und das Schmelzmittel regelmäßig ersetzt werden.

Das Absorptionsverfahren zeichnet sich aus durch:

- einfache Installation der Anlage
- geringen mechanischen Verschleiß (keine bewegten Teile)
- kein Fremdenergiebedarf

Nach dem Trockner muss ein Staubfilter vorgesehen werden, um mitgerissenen Schmelzmittelstaub abzufangen.
Drucktaupunkte unter 0 °C können erreicht werden.

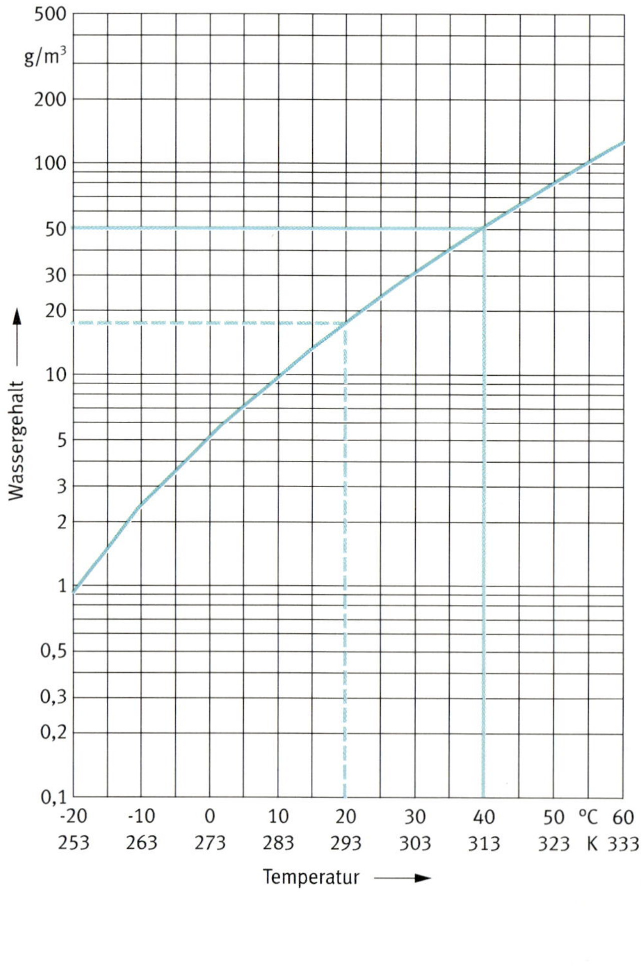

Bild 3.10: Taupunktkurve

Beispiel:

Ansaugleistung	1000 m^3/h
Absolutdruck	700 kPa (7 bar)
verdichtete Menge pro Stunde	143 m^3
Ansaugtemperatur	293 K (20 °C)
Temperatur nach der Verdichtung	313 K (40 °C)
relative Feuchtigkeit	50 %

Wassermenge vor der Verdichtung:
Bei 293 K (20 °C) ergibt sich folgender Wassergehalt:

$$100\ \% = 17{,}3\ g/m^3$$

(siehe gestrichelte Linie in Bild 3.10)

daraus folgt: $50\ \% = 8{,}65\ g/m^3$

Das ergibt: $8{,}65\ g/m^3 \cdot 1000\ m^3/h = 8650\ g/h$

Wassermenge nach der Verdichtung:
Bei 313 K (40 °C) ergibt sich folgende Sättigungsmenge:

$$51{,}1\ g/m^3$$

(siehe durchgezogene Linie in Bild 3.10)

Das ergibt: $51{,}1\ g/m^3 \cdot 143\ m^3/h = 7307\ g/h$

Die ausgeschiedene Wassermenge nach dem Verdichter beträgt somit:

$$8650\ g/h - 7307\ g/h = 1343\ g/h.$$

3.5 Luftverteilung

Um eine zuverlässige und störungsfreie Luftverteilung zu gewährleisten, sind mehrere Punkte zu beachten. Dabei ist die korrekte Dimensionierung des Rohrsystems genauso wichtig wie das verwendete Rohmaterial, der Durchflusswiderstand, die Rohranordnung und die Wartung.

3.5.1 Dimensionierung der Rohrleitungen

Bei Neuinstallationen sollte immer eine spätere Erweiterung des Druckluftnetzes berücksichtigt werden. So sollte die Hauptleitung größer ausgelegt sein, als es den aktuellen Systemanforderungen entspricht. Im Hinblick auf spätere Erweiterungen empfiehlt sich das Anbringen von zusätzlichen Verschlüssen und Absperrventilen.

In allen Rohren entstehen Druckverluste durch Durchflusswiderstände, insbesondere an Rohrverengungen, Winkeln, Abzweigungen und Rohrverbindungen. Diese Verluste müssen vom Verdichter ausgeglichen werden. Der Druckabfall im gesamten Netz sollte dabei so gering wie möglich sein.

Zur Berechnung des Druckgefälles muss die Gesamtrohrlänge bekannt sein. Für Rohrverbindungen, Abzweigungen und Winkel müssen Ersatzrohrlängen bestimmt werden. Die Auswahl des richtigen Innendurchmessers hängt außerdem vom Betriebsdruck und der gelieferten Luftmenge ab und sollte am besten mithilfe eines Nomogrammes berechnet werden.

3.5.2 Durchflusswiderstand

Jede Beeinflussung oder Richtungsänderung des Luftdurchflusses innerhalb eines Rohrsystems ist ein Störungseinfluss und bedeutet das Ansteigen des Durchflusswiderstandes. Dies führt zu einem ständigen Druckabfall innerhalb des Rohrsystems. Da Abzweigungen, Winkel und Rohrverbindungen in allen Druckluftnetzen eingesetzt werden müssen, kann das Entstehen eines Druckgefälles nicht verhindert werden. Es kann jedoch durch den Einbau von günstigen Rohrverbindungen, die Auswahl des richtigen Materials und die korrekte Montage der Rohrverbindungen beträchtlich reduziert werden.

3.5.3 Rohrmaterial

Ein modernes Druckluftsystem stellt besondere Anforderungen an die Beschaffenheit der Rohre. Sie müssen

- niedrige Druckverluste
- Dichtigkeit
- Widerstandsfähigkeit gegen Korrosion und
- Erweiterungsmöglichkeiten

gewährleisten. Nicht nur der Materialpreis, sondern auch die Installationskosten, die bei Kunststoff am niedrigsten liegen, müssen beachtet werden. Kunststoffrohre können durch Verwendung von Klebemitteln 100-prozentig luftdicht verbunden werden und sind zudem leicht erweiterbar.

Kupfer- und Stahlrohre haben dagegen einen niedrigeren Anschaffungspreis, sie müssen aber gelötet, geschweißt oder mit Gewindeanschlüssen verbunden werden. Wird diese Arbeit nicht sorgfältig ausgeführt, kann es passieren, dass Späne, Rückstände von Schweißarbeiten, Ablagerungen oder Dichtungsmittel in das System gelangen. Dies kann zu ernsten Störungen führen. Für kleine und mittlere Durchmesser sind Kunststoffrohre allen anderen Materialien bezüglich Preis, Montage, Wartung und Erweiterbarkeit überlegen.

Druckschwankungen im Netz verlangen eine solide Montage der Rohre, da sonst Undichtigkeiten an verschraubten und gelöteten Verbindungen auftreten können.

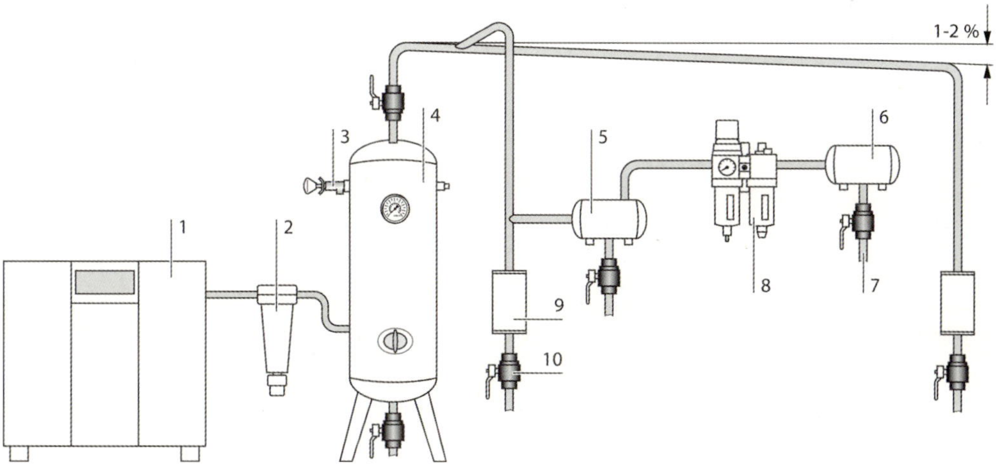

1 Verdichter; 2 Wasser-/Ölabscheider; 3 Druckbegrenzungsventil; 4 Druckluftspeicher; 5 Zwischenspeicher für mehrere Verbraucher; 6 Druckluftspeicher innerhalb der pneumatischen Anlage; 7 zum Verbraucher; 8 Wartungseinheit; 9 Kondensat-Sammelbehälter; 10 Ablasshahn

Bild 3.11: Luftversorgungssystem

3.5.4 Rohranordnung

Neben der richtigen Dimensionierung der Rohre und der Qualität des Rohrmaterials ist die richtige Leitungsführung ausschlaggebend für den wirtschaftlichen Betrieb des Druckluftsystems. Der Verdichter beliefert das System in Intervallen mit Druckluft. Daher passiert es häufig, dass der Druckluftverbrauch nur kurzfristig ansteigt. Dies kann zu ungünstigen Bedingungen im Druckluftnetz führen. Es empfiehlt sich, das Druckluftnetz in Form einer Ringhauptleitung auszulegen, da diese relativ konstante Druckbedingungen gewährleistet.

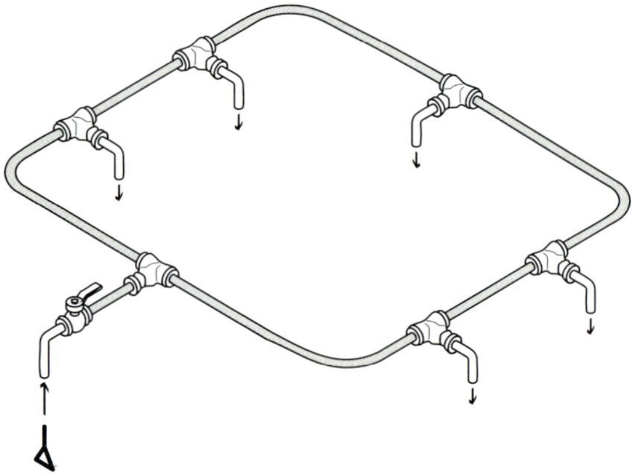

Bild 3.12: Ringleitung

Um Wartungsarbeiten, Reparaturen oder Erweiterungen des Netzes durchführen zu können ohne dabei die gesamte Luftzufuhr zu stören, ist es ratsam, das Netz in einzelne Abschnitte zu unterteilen.

Dafür sollten Abzweigungen mit T-Verbindungen und Sammelleisten mit Steckkupplungen vorgesehen werden. Die Abzweigleitungen sollten mit Absperrventilen oder Standardkugelventilen ausgerüstet sein.

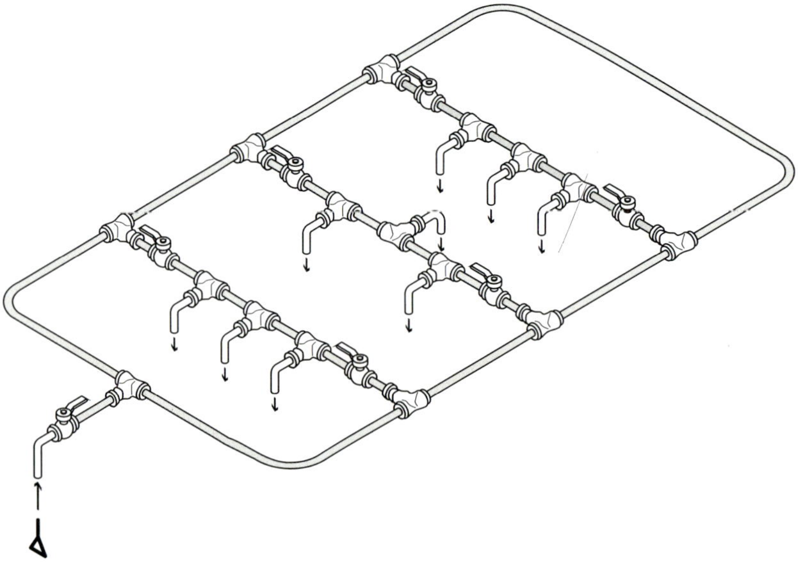

Bild 3.13: Verbundnetz

Trotz guter Wasserabscheidung im Druckerzeugersystem können Druckabfall und Außenkühlung zu Kondensatrückständen im Rohrsystem führen. Damit dieses Kondensat abgelassen werden kann, sollten die Stichleitungen mit einem 1- bis 2-prozentigen Gefälle in Strömungsrichtung verlegt werden. Sie können auch stufenförmig installiert werden. Das Kondensat kann dann am tiefsten Punkt über Wasserabscheider abgelassen werden.

3.6 Wartungseinheit

Die einzelnen Funktionen der Druckluftaufbereitung Filtern, Regeln und Ölen können mit Einzelelementen erfüllt werden. Diese Funktionen sind oft in einer Baueinheit, der Wartungseinheit, zusammengefasst worden. Wartungseinheiten sind jeder pneumatischen Anlage vorgeschaltet.

Der Einsatz eines Drucklufttölers ist in modernen Anlagen nicht mehr generell notwendig. Er ist nur bei Bedarf gezielt, vor allem im Leistungsteil einer Anlage, einzusetzen. Die Druckluft im Steuerteil sollte nicht geölt werden.

3.6.1 Druckluftfilter

Kondenswasser, Verunreinigungen und zu viel Öl können zu Verschleiß an beweglichen Teilen und Dichtungen von pneumatischen Bauelementen führen. Durch Undichtigkeiten können diese Stoffe austreten. Ohne den Einsatz von Druckluftfiltern könnten z. B. die zu verarbeitenden Produkte in der Lebensmittel-, der pharmazeutischen und der chemischen Industrie verschmutzt und somit unbrauchbar werden.

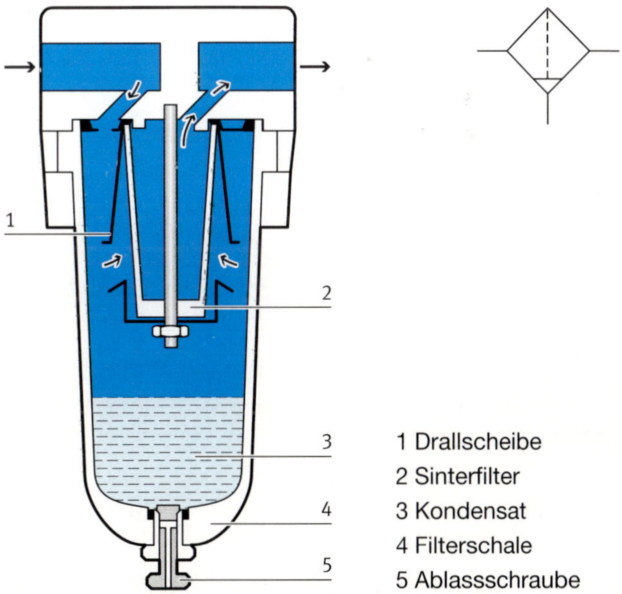

Bild 3.14: Druckluftfilter – Symbol und Schnittbild

Die Auswahl des Druckluftfilters spielt eine wichtige Rolle für die Versorgung des pneumatischen Systems mit qualitativ guter Druckluft. Die Kenngröße des Druckluftfilters ist die Porenweite. Sie bestimmt die kleinste Partikelgröße, die noch aus dem Luftstrom ausgefiltert werden kann.

Das gesammelte Kondensat muss vor Erreichen einer oberen Grenzmarkierung abgelassen werden, da es sonst vom Luftstrom wieder aufgenommen würde.

Bei einem ständigen Kondenswasseranfall ist es ratsam, eine automatische Ablassvorrichtung anstelle des manuellen Ablasshahns zu verwenden. In diesem Fall ist jedoch auch nach der Ursache des Kondenswasseranfalles zu suchen. Eine ungünstige Leitungsführung kann zum Beispiel der Grund des Kondenswasseranfalles sein.

Die automatische Ablassvorrichtung besteht aus einem Schwimmer, der bei Erreichen der maximalen Kondensathöhe über eine Hebelmechanik eine Druckluftdüse freigibt. Die einströmende Druckluft öffnet über eine Membran die Ablassöffnung. Erreicht der Schwimmer die minimale Kondensathöhe, so wird die Düse geschlossen und der Ablassvorgang gestoppt. Zusätzlich kann der Sammelbehälter über eine Handbetätigung entleert werden.

Bei Eintritt in den Luftfilter strömt die Druckluft gegen eine Drallscheibe und wird dabei in eine Rotationsbewegung versetzt. Durch die Zentrifugalkraft werden Wasserteilchen und feste Fremdstoffe aus dem Luftstrom ausgesondert. Sie werden an die Innenwand der Filterschale geschleudert, von wo sie in den Sammelraum abfließen. Die vorgereinigte Luft strömt durch den Filtereinsatz ab. Hier werden noch die Schmutzpartikel ausgesondert, die größer als die Porenweite sind. Bei Normalfiltern liegen die Porenweiten zwischen 5 µm und 40 µm.

Unter dem Ausfilterungsgrad eines Filters versteht man den Prozentsatz an Partikeln einer bestimmten Größe, die aus dem Luftstrom ausgefiltert werden, z. B. ein Ausfilterungsgrad von 99,99 % bezogen auf eine Teilchengröße von 5 µm. Mit Feinstfiltern können 99,999 % von Teilchen mit einer Größe von mehr als 0,01 µm ausgefiltert werden.

Nach längerer Betriebsdauer muss der Filtereinsatz ausgewechselt werden, da er durch die ausgefilterten Schmutzpartikel verstopfen kann. Mit zunehmender Verschmutzung setzt der Filter dem Luftstrom einen größeren Strömungswiderstand entgegen. Dadurch wird der Druckabfall am Filter größer.

Um den Zeitpunkt des Filterwechsels zu bestimmen, muss eine Sichtkontrolle oder eine Druckdifferenzmessung durchgeführt werden.

Wartung
Die Größe des Wartungsintervalls für den Austausch des Filtereinsatzes ist abhängig vom Zustand der Druckluft, vom Luftbedarf der angeschlossenen pneumatischen Elemente und von der Filtergröße. Die Wartung des Filters umfasst folgende Punkte:

- Filtereinsatz ersetzen oder reinigen
- Kondensat ablassen

Bei Reinigungsarbeiten müssen die Herstellerangaben bezüglich des Reinigungsmittels beachtet werden.

3.6.2 Druckregelventil

Die vom Verdichter erzeugte Druckluft unterliegt Schwankungen. Druckschwankungen im Rohrsystem können die Schalteigenschaften von Ventilen, Zylinderlaufzeiten und die Zeitregulierung von Drossel- und Speicherventilen negativ beeinflussen.

Ein konstanter Arbeitsdruck ist die Voraussetzung für den problemlosen Betrieb einer pneumatischen Anlage. Um ein konstantes Druckniveau zu gewährleisten, werden Druckregler zentral an das Druckluftnetz angeschlossen, die – unabhängig von den Druckschwankungen im Hauptsteuerkreis (Primärdruck) – für eine konstante Druckzufuhr im System (Sekundärdruck) sorgen. Der Druckminderer oder Druckregler wird dem Druckluftfilter nachgeschaltet und hält den Arbeitsdruck konstant. Die Höhe des Druckes sollte immer auf die Anforderungen des jeweiligen Anlagenteils abgestimmt werden.

In der Praxis hat sich ein Arbeitsdruck von

- 600 kPa (6 bar) im Leistungsteil und
- 300 bis 400 kPa (3 bis 4 bar) im Steuerteil

als wirtschaftlicher und technisch bester Kompromiss zwischen Drucklufterzeugung und Leistungsfähigkeit der Bauteile erwiesen.

Ein höherer Betriebsdruck würde zu ungünstiger Energieausnutzung und höherem Verschleiß führen, ein niedrigerer Druck würde einen schlechten Wirkungsgrad, vor allem im Leistungsteil, bewirken.

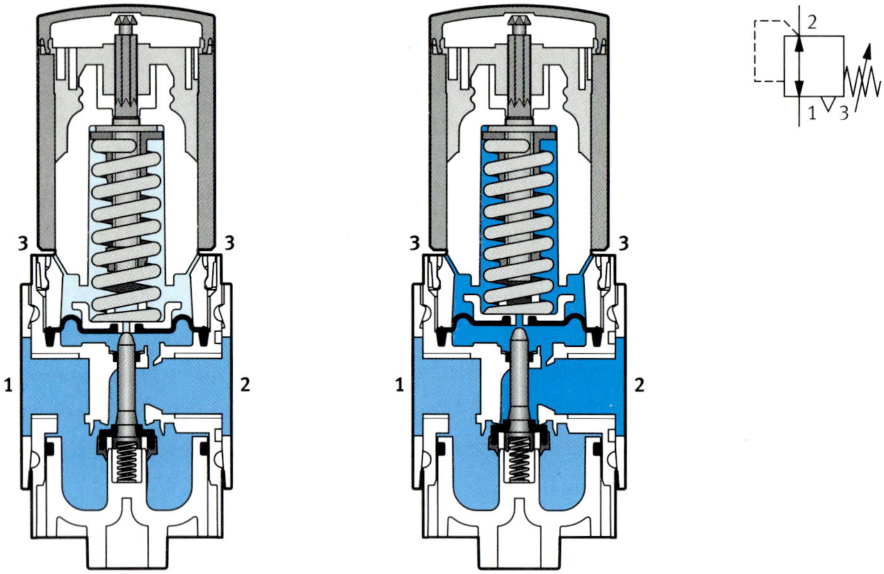

Bild 3.15: Druckregelventil mit Entlastungsöffnung – Symbol und Schnittbilder

Druckregelventil mit Entlastungsöffnung: Funktionsprinzip

Der Eingangsdruck (Primärdruck) am Druckregelventil muss immer höher als der Ausgangsdruck (Sekundärdruck) sein. Die Druckregulierung selbst erfolgt über eine Membran. Der Ausgangsdruck wirkt auf die eine Seite der Membran, die Kraft einer Feder auf die andere Seite. Die Federkraft ist über eine Stellschraube einstellbar.

Erhöht sich der Druck auf der Sekundärseite, z. B. bei Lastwechsel am Zylinder, wird die Membran gegen die Feder gedrückt, und die Auslass-Querschnittsfläche am Ventilsitz wird verkleinert oder geschlossen. Der Ventilsitz der Membran öffnet sich, und die Druckluft kann durch die Entlastungsöffnungen im Gehäuse an die Atmosphäre entweichen.

Fällt der Druck auf der Sekundärseite, öffnet die Federkraft das Ventil. Das Regulieren des Luftdruckes auf den voreingestellten Betriebsdruck bedeutet daher ein ständiges Öffnen und Schließen des Ventilsitzes, ausgelöst durch das durchströmende Luftvolumen. Der Betriebsdruck wird an einem Messgerät angezeigt.

Druckregelventil ohne Entlastungsöffnung: Funktionsprinzip

Bei zu hohem Betriebsdruck (Sekundärdruck) steigt der Druck im Ventilsitz an und drückt die Membran gegen die Kraft der Feder. Gleichzeitig wird die Auslass-Querschnittsfläche am Dichtungssitz verkleinert bzw. geschlossen. Der Luftstrom ist reduziert bzw. abgeschnitten. Die Druckluft kann nur dann wieder nachströmen, wenn der Betriebsdruck kleiner als auf der Primärseite ist.

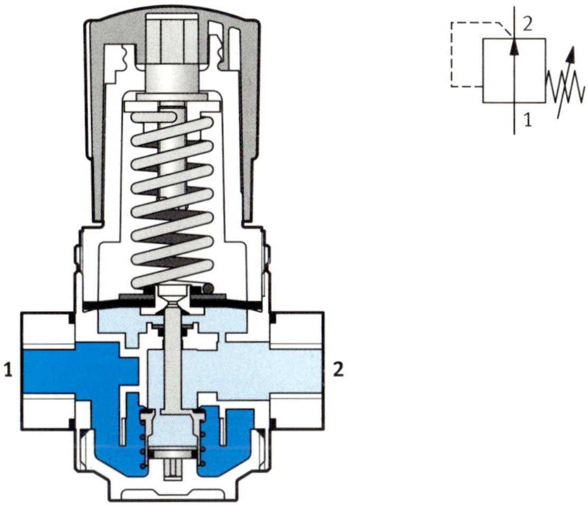

Bild 3.16: Druckregelventil ohne Entlastungsöffnung – Symbol und Schnittbild

3.6.3 Druckluftöler

Im Allgemeinen sollte die erzeugte Druckluft nicht geölt werden. Sollten bewegliche Teile in Ventilen und Zylindern eine externe Schmierung benötigen, so muss die Druckluft ausreichend und fortlaufend mit Öl angereichert werden. Das Ölen der Druckluft sollte sich immer nur auf die Abschnitte einer Anlage beschränken, in denen geölte Luft benötigt wird. Das vom Verdichter an die Druckluft abgegebene Öl eignet sich nicht zum Schmieren von pneumatischen Bauteilen.
Zylinder mit hitzebeständigen Dichtungen sollten nicht mit geölter Druckluft betrieben werden, da das Spezialfett vom Öl ausgewaschen werden kann.

Werden Systeme, die mit Schmierung betrieben wurden, auf nicht geölte Druckluft umgestellt, muss die Originalschmierung der Ventile und Zylinder erneuert werden, da diese unter Umständen ausgewaschen wurde.

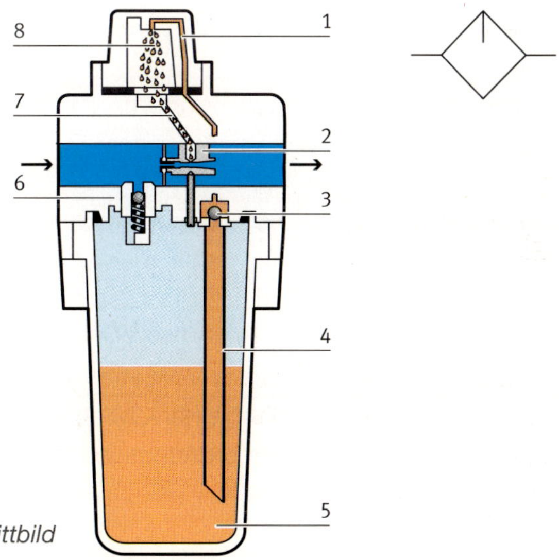

1 Steigleitung	5 Öl
2 Ventildrosselstelle	6 Rückschlagventil
3 Kugelsitz	7 Kanal
4 Steigrohr	8 Tropfraum

Bild 3.17: Druckluftöler – Symbol und Schnittbild

Die Druckluft sollte nur geölt werden wenn:
- extrem schnelle Bewegungsabläufe gefordert sind
- Zylinder mit großem Bohrungsdurchmesser eingesetzt werden (hierbei sollte der Öler dem Zylinder direkt vorgeschaltet sein).

Bei übermäßiger Ölung können folgende Probleme auftreten:
- Funktionsstörungen an Bauteilen
- erhöhte Umweltbelastung
- Festsitzen von Bauelementen nach längerer Stillstandszeit

Funktionsprinzip
Die Druckluft durchströmt den Öler und erzeugt beim Passieren einer Querschnittsverengung einen Unterdruck. Dieser Unterdruck saugt über ein Steigrohr Öl aus dem Vorratsbehälter an. Das Öl gelangt in einen Tropfraum, wird vom Luftstrom vernebelt und dann weitertransportiert.

Einstellen des Ölers
Die richtige Dosierung kann folgendermaßen überprüft werden: man hält ein Stück weißen Karton im Abstand von ca. 10 cm vor die Abluftöffnung des Stellelements des am weitesten vom Öler entfernten Zylinders. Lässt man die Anlage einige Zeit durchtakten, darf sich auf dem Karton eine leicht gelbliche Färbung zeigen. Abtropfendes Öl ist ein Merkmal für Überölung.

Öler-Wartung
Das vom Verdichter abgeschiedene Öl kann nicht als Schmiermittel für die Antriebsglieder verwendet werden. Durch die im Verdichter erzeugte Hitze ist das Öl verbraucht und verkokt. Es würde zu einer Schmirgelwirkung bei Zylindern und Ventilen führen und deren Leistung erheblich beeinträchtigen.

Ein weiteres Problem bei der Wartung von Systemen, die mit geölter Druckluft betrieben werden, ist der Ölniederschlag an den Rohrinnenwänden der Zuleitungen. Dieser Ölniederschlag kann unkontrolliert in den Luftstrom absorbiert werden und so die Verschmutzung der Druckluftleitungen erhöhen. Die Wartung derartig verschmutzter Anlagen ist äußerst aufwändig, da ein durch Ölniederschlag verschmutztes Rohr nur durch Demontieren zu reinigen ist.

Ölniederschlag kann auch zu Verkleben von Bauteilen führen, insbesondere nach längeren Stillstandzeiten. Nach einem Wochenende oder Feiertag kann es passieren, dass geölte Bauteile nicht mehr ordnungsgemäß arbeiten.

Ein Beölen der Druckluft sollte auf die unbedingt zu versorgenden Anlagenteile beschränkt werden. Zur Ölzufuhr werden Druckluftöler am besten direkt vor den verbrauchenden Elementen installiert. Für den Steuerteil einer pneumatischen Anlage sollten Elemente mit Selbstschmierung gewählt werden.

Die Grundregel sollte daher lauten: Aufbereiten der Druckluft in ölfreier Form.

Zusammenfassend sollten folgende Punkte beachtet werden:

- Verdichteröle sollten nicht in das Druckluftnetz gelangen (Ölabscheider installieren).
- Es sollten nur solche Bauteile installiert werden, die auch mit nicht-geölter Luft betrieben werden können.
- Ein einmal mit Öl betriebenes System muss weiter mit Öl betrieben werden, da die Originalschmierung der Bauteile im Laufe der Zeit ausgewaschen wurde.

3.6.4 Gerätekombinationen

Bei der Zusammenstellung der einzelnen Geräte zu einer Wartungseinheit ist Folgendes zu beachten:

- Die Größe der kombinierten Geräte bestimmt sich nach der Größe des Luftdurchsatzes (m^3/h). Ein zu großer Luftdurchsatz hat einen hohen Druckabfall in den Geräten zur Folge. Die Herstellerangaben sollten daher unbedingt beachtet werden.
- Der Betriebsdruck darf den an der Wartungseinheit angegebenen Wert nicht überschreiten. Die Umgebungstemperatur sollte nicht höher als 50 °C sein (max. Wert für Kunststoffschalen).

Bild 3.18: Wartungseinheit – manuelles Einschaltventil, Filter-Regelventil, Öler (Festo)

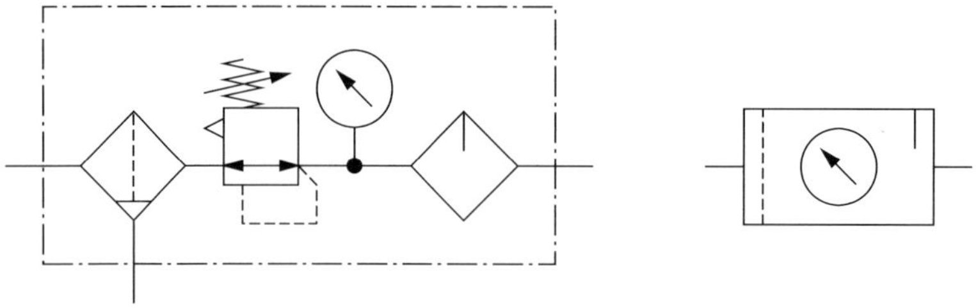

Bild 3.19: Wartungseinheit mit Öler – Symbole, links: ausführliche Darstellung; rechts: vereinfachte Darstellung

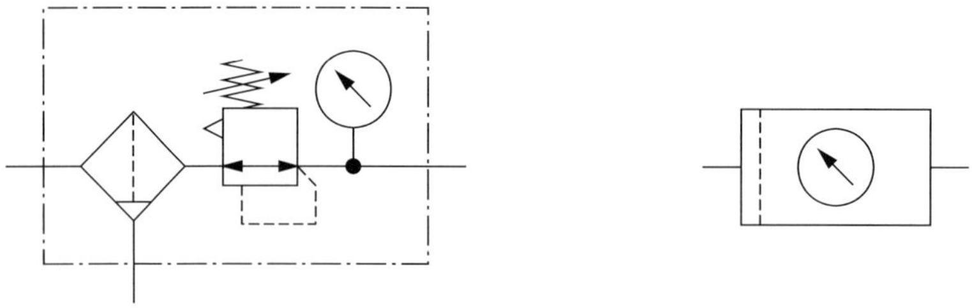

Bild 3.20: Wartungseinheit ohne Öler – Symbole, links: ausführliche Darstellung; rechts: vereinfachte Darstellung

Instandhaltung der Wartungseinheiten

Folgende Wartungsmaßnahmen müssen regelmäßig durchgeführt werden:

- Druckluftfilter
  Der Kondensatpegel muss regelmäßig überprüft werden, da der am Schauglas angegebene Pegel nicht überschritten werden darf. Ein Überschreiten des Pegels könnte zur Folge haben, dass das angesammelte Kondensat in die Druckluftleitungen gesaugt wird. Das überschüssige Kondensat kann über den Ablasshahn am Schauglas abgelassen werden. Zusätzlich muss die Filterpatrone auf Verschmutzung überprüft und gegebenenfalls gereinigt oder ersetzt werden.
- Druckregelventil
  Dieses bedarf keiner Wartung, vorausgesetzt ein Druckluftfilter ist vorgeschaltet.
- Druckluftöler
  Auch hier muss die Füllstandsanzeige am Schauglas überprüft und wenn nötig Öl nachgefüllt werden. Es dürfen nur Mineralöle verwendet werden. Plastikfilter und Ölwanne dürfen nicht mit Trichloräthylen gereinigt werden.

4 Antriebe und Ausgabegeräte

Ein Antrieb oder Arbeitselement setzt Versorgungsenergie in Arbeit um. Die Bewegung wird über die Steuerung gesteuert, der Antrieb reagiert über die Stellelemente auf die Steuersignale. Eine andere Art von Ausgabegeräten sind die Elemente, die den Zustand des Steuerungssystems oder der Antriebe anzeigen, z. B. eine pneumatisch betätigte optische Anzeige.

Pneumatische Arbeitselemente lassen sich in zwei Gruppen unterteilen, die mit geradlinigen Bewegungen und die mit Drehbewegungen:

- Geradlinige Bewegung (Linearbewegung)
  - Einfachwirkender Zylinder
  - Doppeltwirkender Zylinder
- Drehbewegung (Rotationsbewegung)
  - Luftmotor
  - Drehzylinder
  - Schwenkantrieb

4.1 Einfachwirkende Zylinder

Einfachwirkende Zylinder werden nur von einer Seite mit Druckluft beaufschlagt. Diese Zylinder können nur nach einer Richtung Arbeit leisten. Die Einfahrbewegung der Kolbenstange erfolgt durch eine eingebaute Feder oder durch äußere Krafteinwirkung. Die Federkraft der eingebauten Feder ist so bemessen, dass sie den Kolben ohne Last mit genügend großer Geschwindigkeit in seine Ausgangsstellung zurückbringt.

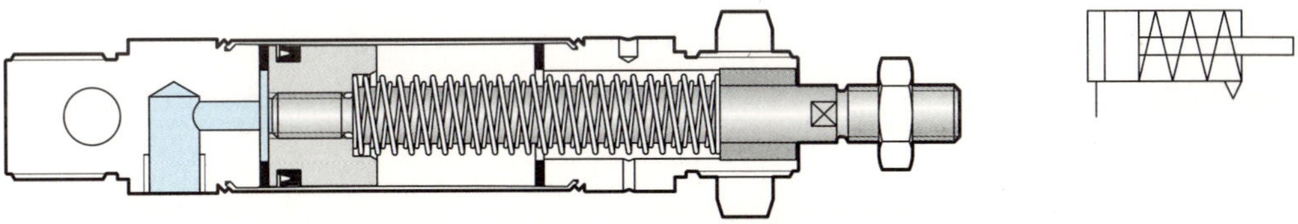

Bild 4.1: Einfachwirkender Zylinder – Symbol und Schnittbild

Bei einfachwirkenden Zylindern mit eingebauter Feder ist der Hub durch die Baulänge der Feder begrenzt. Daher werden einfachwirkende Zylinder bis ca. 80 mm Hublänge gebaut.

Aufgrund der Bauart kann der einfachwirkende Zylinder verschiedene Bewegungsfunktionen ausführen, die man mit Zubringen bezeichnet, z. B.:

- Weitergeben
- Abzweigen
- Zusammenführen
- Zuteilen
- Spannen
- Ausgeben

4.1.1 Bauart

Der einfachwirkende Zylinder hat eine einfache Kolbendichtung an der druckbeaufschlagten Seite. Die Abdichtung erfolgt durch flexibles Material (Perbunan), das dichtend in einem Metall- oder Kunststoffkolben eingebettet ist. Bei Bewegung gleiten die Dichtkanten auf der Zylinderlauffläche. Zu den verschiedenen Bauarten von einfachwirkenden Zylindern zählen auch:

- Membranzylinder
- Balgzylinder

Beim Membranzylinder übernimmt eine eingebaute Membran aus Gummi, Kunststoff oder auch Metall die Aufgabe des Kolbens. Die Kolbenstange ist zentrisch an der Membrane befestigt. Eine gleitende Abdichtung erfolgt nicht; es tritt nur Reibung durch die Dehnung des Materials auf.

Balgzylinder wirken durch Be- und Entlüften als Antriebselement. Werden Balgzylinder mit einem permanenten Druck beaufschlagt, wirken sie als Dämpfungselement. Der Aufbau besteht aus zwei Metallplatten mit einem einrollierten Gummibalg. Es gibt keine Dichtungselemente und mechanisch bewegte Teile. Balgzylinder sind einfachwirkende Antriebe, die Rückstellung erfolgt durch äußere Krafteinwirkung.

Diese Zylinder werden bei Kurzhubanwendungen zum Spannen, Pressen und Heben eingesetzt.

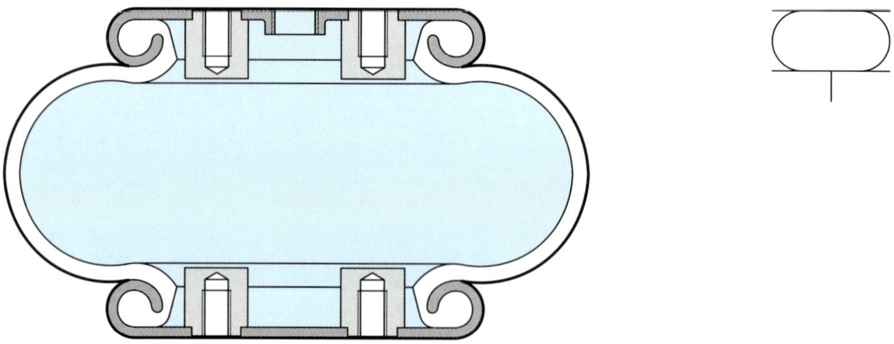

Bild 4.2: Membranzylinder – Symbol und Schnittbild

4.1.2 Fluidic Muscle

Der Fluidic Muscle ist ein Membran-Kontraktions-System. Ein fluidisch dichter, flexibler Schlauch wird mit festen Fasern in Rautenform umsponnen. Dadurch entsteht eine dreidimensionale Gitterstruktur. Bei einströmender Luft wird die Gitterstruktur verformt, eine Zugkraft in Axialrichtung entsteht, was eine Verkürzung des Muskels durch zunehmenden Innendruck bewirkt.

Der pneumatische Muskel entwickelt im gestreckten Zustand bis zu zehnmal mehr Kraft als ein konventioneller Pneumatik-Zylinder und verbraucht bei gleicher Kraft nur 40 % der Energie. Für die gleiche Kraft reicht ein Drittel des Durchmessers, der Hub ist bei gleicher Baulänge geringer.

Bild 4.3: Bauformen des Fluidic Muscle (Festo)

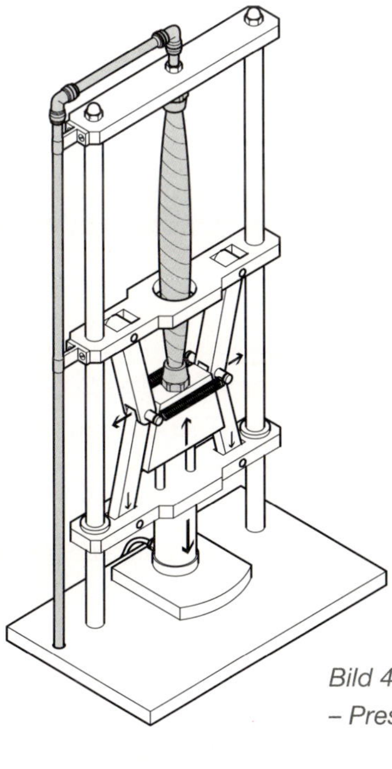

Bild 4.4: Anwendungsbeispiel mit dem Fluidic Muscle – Presse mit Doppelkniehebelsystem

4.2 Doppeltwirkende Zylinder

Die Bauweise ähnelt der des einfachwirkenden Zylinders. Es gibt jedoch keine Rückstellfeder, und die beiden Anschlüsse werden jeweils zur Be- und Entlüftung benutzt. Der doppeltwirkende Zylinder hat den Vorteil, dass er Arbeit in beide Richtungen ausführen kann. Daher gibt es vielfältige Einsatzmöglichkeiten. Die auf die Kolbenstange übertragene Kraft ist für den Vorhub etwas größer als für den Rückhub, da die beaufschlagte Fläche auf der Kolbenseite größer ist als die auf der Kolbenstangenseite.

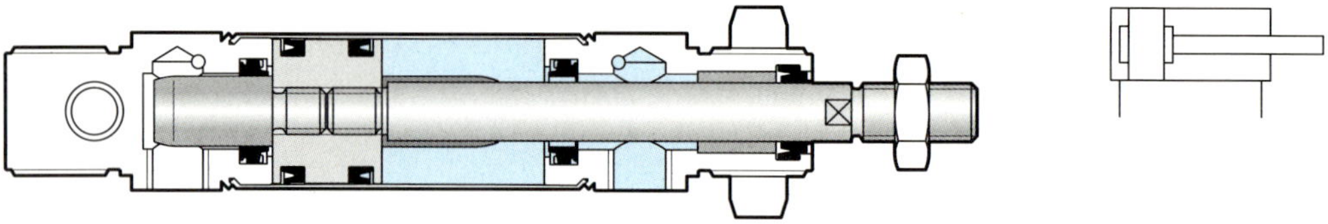

Bild 4.5: Doppeltwirkender Zylinder – Symbol und Schnittbild

Entwicklungstendenzen

Die Entwicklung des Pneumatikzylinders geht in die folgenden Richtungen:

- Berührungsloses Abtasten – Verwendung von Magneten auf der Kolbenstange für Näherungsschalter, die Magnetfelder nachweisen (z. B. Reedschalter)
- Bremsen von schweren Lasten
- Kolbenstangenlose Zylinder bei engen Räumlichkeiten
- Andere Herstellungsmaterialien wie Kunststoff
- Schutzbeschichtung/-mantel gegen schädigende Umwelteinflüsse, z. B. Säurebeständigkeit
- Höhere Belastbarkeit
- Roboteranwendungen mit besonderen Eigenschaften wie verdrehgesicherte Kolbenstangen oder hohle Kolbenstangen für Vakuumsaugnäpfe.

4.2.1 Zylinder mit Endlagendämpfung

Werden von einem Zylinder große Massen bewegt, so verwendet man eine Dämpfung in der Endlage, um hartes Aufschlagen und Beschädigungen des Zylinders zu vermeiden. Vor Erreichen der Endlage unterbricht ein Dämpfungskolben den direkten Abflussweg der Luft ins Freie. Dafür bleibt ein sehr kleiner, oft einstellbarer Abflussquerschnitt frei. Während des letzten Teils des Hubwegs wird die Fahrgeschwindigkeit zunehmend reduziert. Es ist darauf zu achten, dass die Einstellschrauben nie ganz zugedreht sind, da dann die Kolbenstange die jeweilige Endlage nicht erreichen kann.

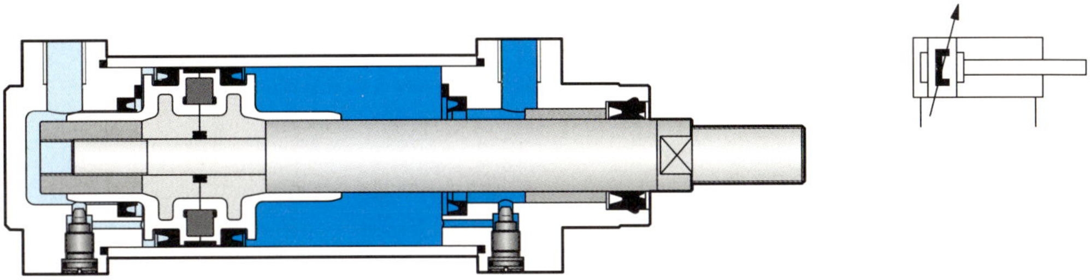

Bild 4.6: Doppeltwirkender Zylinder mit Endlagendämpfung – Symbol und Schnittbild

Bei sehr großen Kräften und hoher Beschleunigung müssen besondere Vorkehrungen getroffen werden. Es werden externe Stoßdämpfer angebracht, um die Verzögerungswirkung zu verstärken.

Die richtige Verzögerung wird so erreicht:

- Einstellschraube festziehen.
- Einstellschraube schrittweise wieder lösen, bis der gewünschte Wert eingestellt ist.

4.2.2 Tandemzylinder

Bei dieser Bauart handelt es sich um zwei doppeltwirkende Zylinder, die zu einer Baueinheit zusammengesetzt sind. Durch diese Anordnung und bei gemeinsamer Beaufschlagung der beiden Kolben verdoppelt sich nahezu die Kraft an der Kolbenstange. Dieser Zylinder wird überall dort eingesetzt, wo große Kraft benötigt wird, aber der Zylinderdurchmesser eine Rolle spielt.

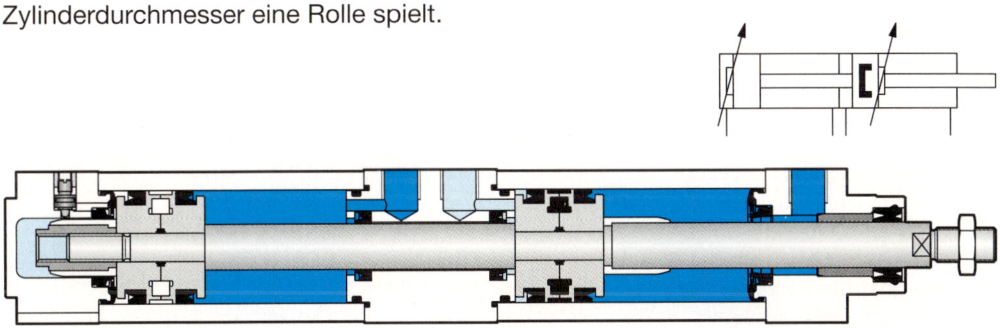

Bild 4.7: Tandemzylinder – Symbol und Schnittbild

4.2.3 Zylinder mit durchgehender Kolbenstange

Dieser Zylinder hat nach beiden Seiten eine Kolbenstange. Die Kolbenstange ist durchgehend. Die Führung der Kolbenstange ist besser, da zwei Lagerstellen vorhanden sind. Die Kraft ist in beiden Bewegungsrichtungen gleich groß.

Die durchgehende Kolbenstange kann hohl sein. Sie kann dann zur Durchführung verschiedener Medien, z. B. von Druckluft, verwendet werden. Ein Vakuumanschluss ist ebenfalls möglich.

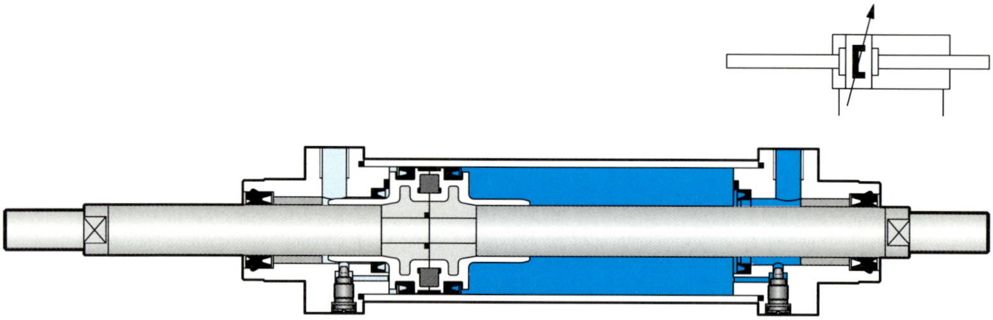

Bild 4.8: Zylinder mit durchgehender Kolbenstange – Symbol und Schnittbild

4.2.4 Mehrstellungszylinder

Der Mehrstellungszylinder besteht aus zwei oder mehreren doppeltwirkenden Zylindern. Die Zylinder sind miteinander verbunden. Je nach Druckbeaufschlagung fahren die einzelnen Zylinder aus. Bei zwei Zylindern mit unterschiedlichen Hublängen erhält man vier Stellungen.

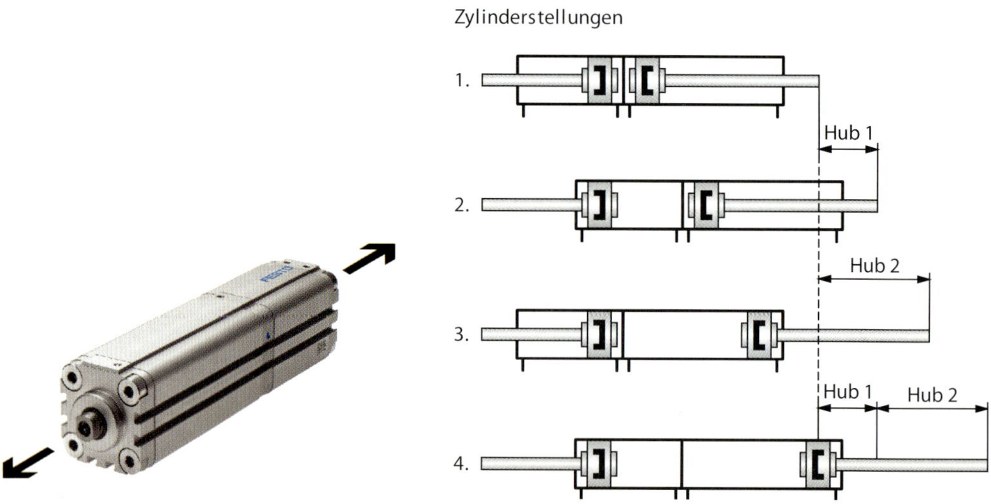

Bild 4.9: Mehrstellungszylinder

4.2.5 Drehzylinder

Bei dieser Ausführung von doppeltwirkenden Zylindern besitzt die Kolbenstange ein Zahnprofil. Die Kolbenstange treibt ein Zahnrad an, aus einer Linearbewegung ergibt sich eine Drehbewegung. Die Drehbereiche sind verschieden, von 45°, 90°, 180°, 270° bis 360° Schwenkbereich. Das Drehmoment ist abhängig von Druck, Kolbenfläche und Übersetzung, Werte bis etwa 150 Nm sind möglich.

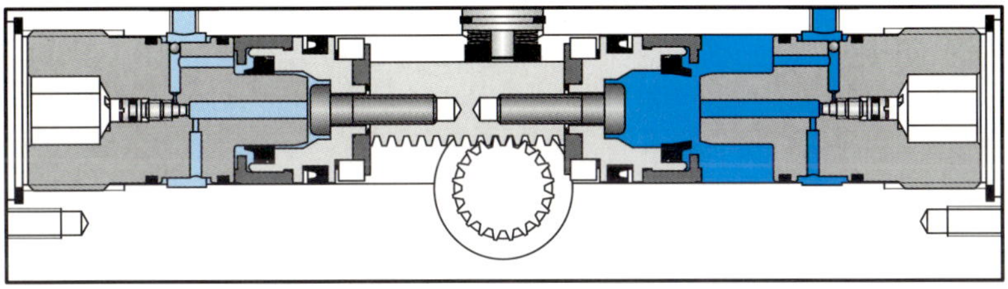

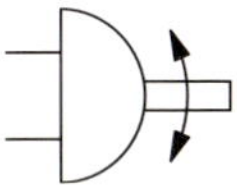

Bild 4.10: Drehzylinder – Symbol und Schnittbild

4.2.6 Schwenkantrieb

Beim Schwenkantrieb wird die Kraft über einen Schwenkflügel direkt auf die Antriebswelle übertragen. Der Schwenkwinkel ist von 0° bis ca. 180° stufenlos einstellbar. Das Drehmoment sollte 10 Nm nicht überschreiten.

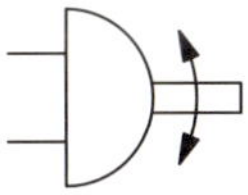

Bild 4.11: Schwenkantrieb – Symbol und Schnittbild

Eigenschaften von Schwenkantrieben:

- Klein und robust
- Verfügbar mit berührungslosen Sensoren
- Einstellbarer Drehwinkel
- Einfach zu installieren

4.3 Kolbenstangenlose Zylinder

Drei unterschiedliche Funktionsprinzipien werden für den Aufbau von kolbenstangenlosen Zylindern eingesetzt:

- Band- oder Seilzugzylinder
- Dichtbandzylinder mit geschlitztem Zylinderrohr
- Zylinder mit magnetischer Kupplung des Schlittens

Im Vergleich zu herkömmlichen doppeltwirkenden Zylindern bieten kolbenstangenlose Zylinder eine geringere Einbaulänge. Die Gefahr des Knickens der Kolbenstange entfällt und die Bewegung kann über die gesamte Hublänge geführt werden. Diese Zylinderbauart kann für extrem große Hublängen von bis zu 10 m verwendet werden. Vorrichtungen, Lasten und anderes können direkt an der hierfür vorgesehenen Anschraubfläche eines Schlittens oder Außenläufers befestigt werden. Die Kraft ist in beiden Bewegungsrichtungen gleich groß.

4.3.1 Bandzylinder

Bei Bandzylindern wird die Kolbenkraft durch ein umlaufendes Band auf einen Schlitten übertragen. Beim Austritt aus dem Kolbenraum läuft das Band durch eine Dichtung. In den Zylinderdeckeln wird das Band über Führungsrollen umgelenkt. Schmutzabstreifer sorgen dafür, dass keine Verunreinigungen durch das Band zu den Führungsrollen gelangen.

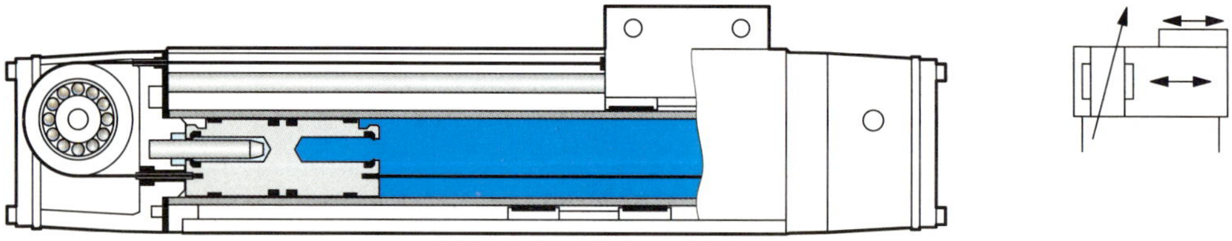

Bild 4.12: Bandzylinder – Symbol und Schnittbild

4.3.2 Dichtbandzylinder

Bei diesem Typ ist das Zylinderrohr über die gesamte Länge mit einem Schlitz versehen. Die Kraftabnahme erfolgt an einem Schlitten, der mit dem Kolben fest verbunden ist. Die Verbindung vom Kolben zum Schlitten wird durch das geschlitzte Zylinderrohr nach außen geführt. Die Abdichtung des Schlitzes erfolgt durch ein Stahlband, das die Innenseite des Schlitzes bedeckt. Zwischen den Dichtungen des Kolbens wird das Band abgebogen und unter dem Schlitten geführt. Ein zweites Band deckt den Schlitz von außen ab, um das Eindringen von Schmutz zu verhindern.

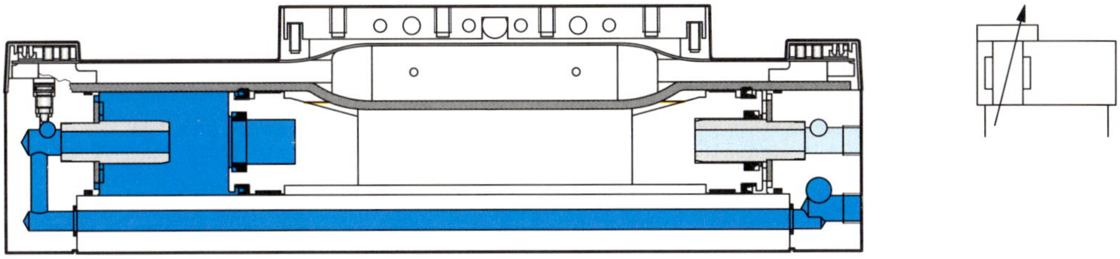

Bild 4.13: Dichtbandzylinder – Symbol und Schnittbild

4.3.3 Zylinder mit magnetischer Kupplung

Dieser doppeltwirkende pneumatische Linearantrieb besteht aus einem Zylinderrohr, einem Kolben und einem beweglichen Außenläufer auf dem Zylinderrohr. Kolben und Außenläufer sind mit Permanentmagneten ausgestattet. Die Bewegungsübertragung vom Kolben auf den Außenläufer geschieht kraftschlüssig durch die magnetische Kupplung. Sobald der Kolben mit Druckluft beaufschlagt wird, bewegt sich der Schlitten synchron mit dem Kolben. Der Zylinderraum ist zum Außenläufer hermetisch abgedichtet, da keine mechanische Verbindung besteht. Es treten keine Leckverluste auf.

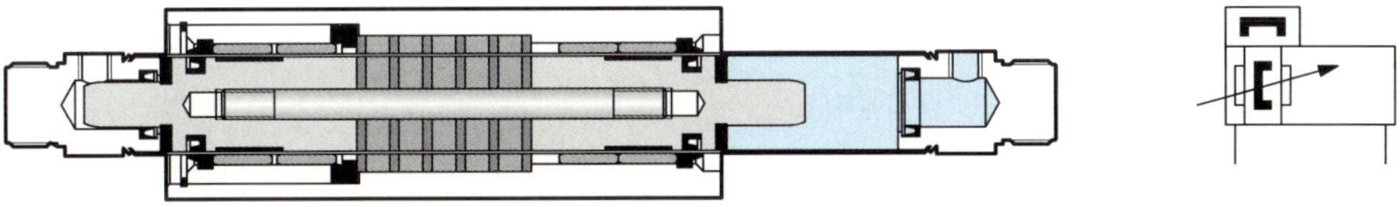

Bild 4.14: Zylinder mit magnetischer Kupplung – Symbol und Schnittbild

4.4 Handhabungstechnik

Für Handhabungs- und Montageoperationen werden häufig Komponenten benötigt, die Bewegungen in zwei oder drei verschiedenen Richtungen ausführen können. Früher dominierten in diesem Bereich Sonderkonstruktionen. Heute werden verstärkt serienmäßig lieferbare Handhabungsmodule verwendet, die sich anwendungsabhängig kombinieren lassen. Das modulare Konzept hat folgende Vorteile:

- einfache Montage
- aufeinander abgestimmte Antriebe und mechanische Führungen
- integrierte Energiezuleitung, z. B. für Greifer oder Sauger

4.4.1 Schwenk-Lineareinheit

Die Schwenk-Lineareinheit kann z. B. zum Umsetzen von Werkstücken eingesetzt werden. Die Lagerung der Kolbenstange ist so ausgelegt, dass sie hohe Querlasten aufnehmen kann. Die Einheit lässt sich auf unterschiedliche Art befestigen, z. B. mit einem Flansch an der Stirnseite oder mit Nutensteinen, die in das Linearprofil eingeschoben werden. Bei Bedarf wird die Energie für den Greifer oder den Sauger durch die hohle Kolbenstange zugeführt.

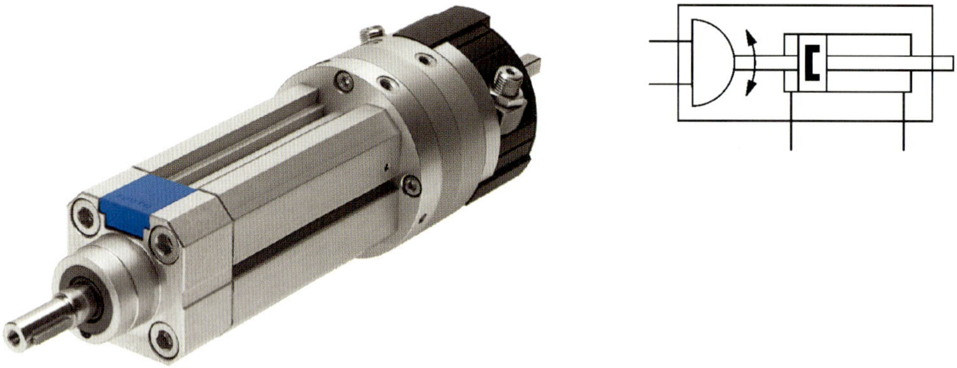

Bild 4.15: Schwenk-Lineareinheit (Festo)

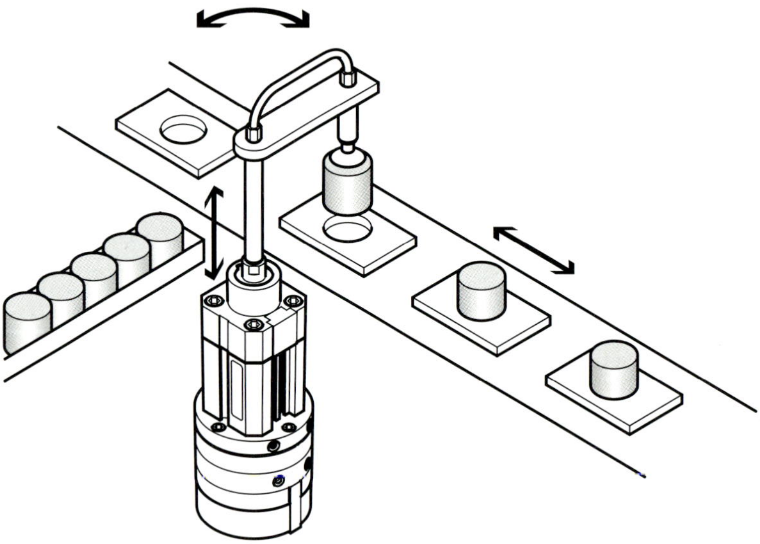

Bild 4.16: Anwendungsbeispiel: Umsetzen von Werkstücken

4.4.2 Pneumatische Greifer

Handhabungsgeräte müssen Greifer besitzen, mit denen das Werkstück erfasst, bewegt und losgelassen wird. Greifer stellen entweder eine kraftschlüssige oder formschlüssige Verbindung zum Teil her.

In Bild 4.17 sind verschiedene Greifertypen dargestellt. Alle Greifertypen besitzen einen doppeltwirkenden Kolbenantrieb und sind selbstzentrierend. Berührungslose Positionserkennung ist mit Näherungsschaltern möglich. Durch externe Greiffinger sind die Greifer vielseitig einsetzbar.

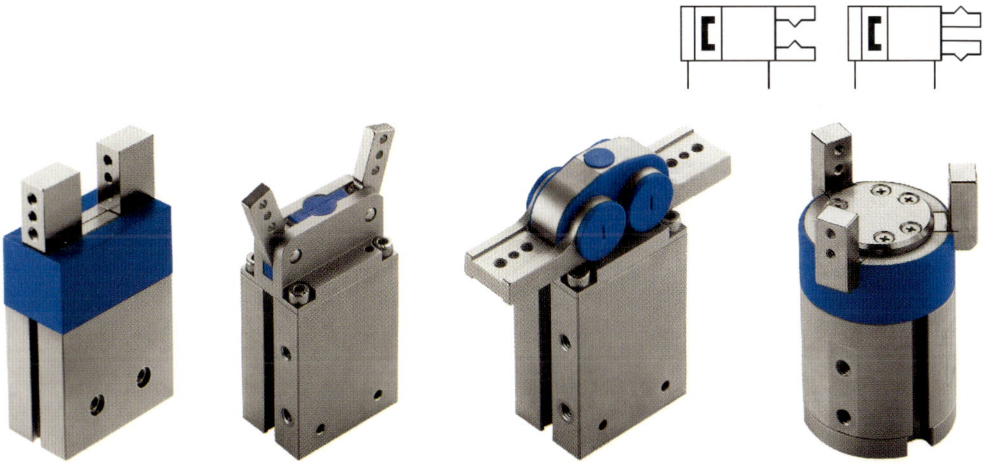

Parallel-Greifer, Winkel-Greifer, Radial-Greifer, 3-Punkt-Greifer

Bild 4.17: Pneumatische Greifer – Symbole und Fotos (Festo)

Bild 4.18 zeigt einen Schnitt durch einen Winkelgreifer. Er wird durch einen doppeltwirkenden Zylinder angetrieben. Es ist deutlich zu sehen, wie Greiferbacken (hier: für zylindrische Werkstücke) und Näherungsschalter am Greifer angebracht werden.

Die Auswahl von Greifertyp, Greiferbaugröße und Greiferbacken richtet sich nach Form und Gewicht der Werkstücke.

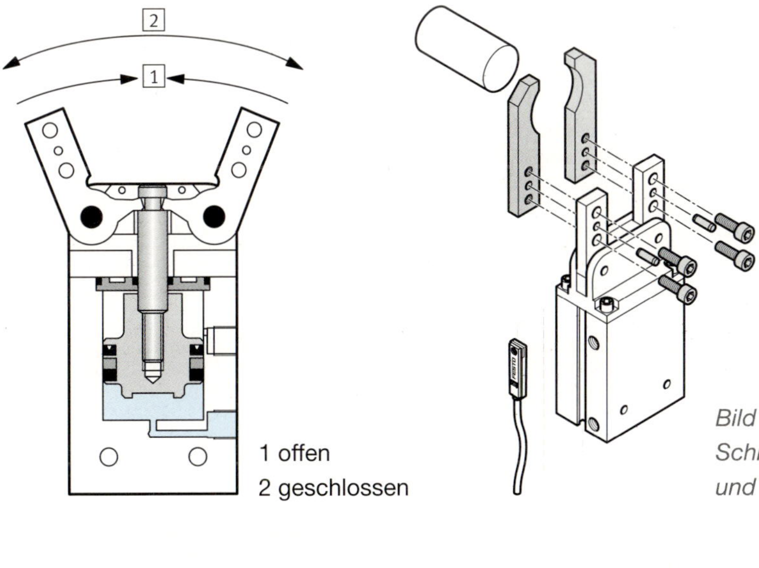

Bild 4.18: Winkelgreifer – Schnittbild, Greiferbacken und Näherungsschalter

4.4.3 Vakuumsauger

Die Handhabung mit Saugnäpfen stellt in der Regel eine einfache, preiswerte und auch unter Sicherheitsaspekten betriebssichere Lösung dar.

Saugnäpfe erlauben das Handhaben von unterschiedlichen Werkstücken mit Gewichten von nur wenigen Gramm bis mehreren hundert Kilogramm. Es gibt sie in den unterschiedlichsten Formen, z. B. Universal-, Flach- oder Faltenbalgsaugnäpfe.

Flachsaugnäpfe, Faltenbalgsaugnäpfe

Bild 4.19: Vakuumsauger (Festo)

4.4.4 Vakuumsaugdüsen

Bild 4.20 verdeutlicht das Prinzip der Vakuumerzeugung mittels Ejektor. Die Druckluft durchströmt eine Strahldüse, in der sie auf hohe Geschwindigkeit beschleunigt wird. Hinter der Strahldüse entsteht ein Druck, der geringer ist als der Umgebungsdruck. Dadurch wird Luft vom Anschluss 2 angesaugt, sodass hier ebenfalls ein Unterdruck entsteht. Der Vakuumsauger wird am Anschluss 2 angebracht.

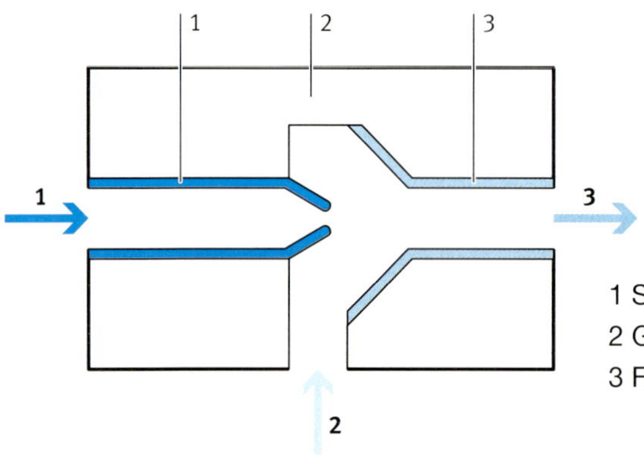

1 Strahldüse
2 Grundkörper
3 Fangdüse

Bild 4.20: Funktionsweise einer elektropneumatischen Vakuumsaugdüse – Ejektorprinzip

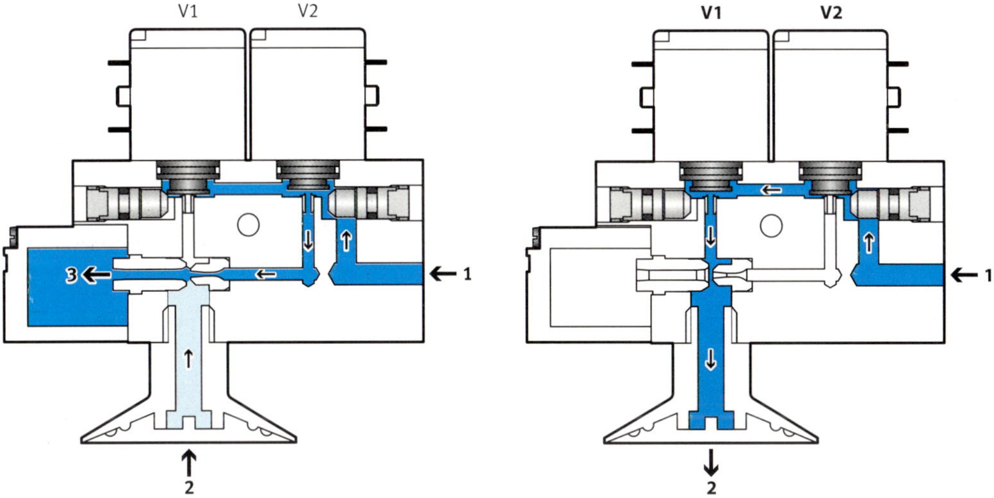

Betriebszustand „Ansaugen"   Betriebszustand „Abblasen"

Bild 4.21: Funktionsweise einer elektropneumatischen Vakuumsaugdüse

In Bild 4.21 ist die Funktionsweise einer Vakuumsaugdüse dargestellt, die auf dem Ejektorprinzip basiert. Das linke Bild zeigt den Betriebszustand „Saugen". Das elektrisch betätigte 2/2-Wegeventil 1 ist geöffnet. Die Druckluft strömt vom Anschluss 1 durch die Strahldüse zum Schalldämpfer 3. Dadurch wird am Sauger 2 ein Unterdruck erzeugt, und das Werkstück wird angesaugt.

Das rechte Bild zeigt den Betriebszustand „Abblasen". Das Wegeventil 2 ist geöffnet, und die Druckluft wird direkt dem Sauger zugeführt. Durch einen Druckstoß vom Anschluss 1 über das Ventil 2 werden die angesaugten Teile schneller vom Sauger abgedrückt.

4.5 Zylindereigenschaften

Leistungsmerkmale von Zylindern können theoretisch oder mithilfe der Herstellerdaten berechnet werden. Beide Methoden sind möglich, aber im Allgemeinen sind die Herstellerdaten für eine bestimmte Ausführung und Anwendung aussagekräftiger.

4.5.1 Kolbenkraft

Die ausgeübte Kolbenkraft eines Arbeitselementes ist abhängig vom Luftdruck, dem Zylinderdurchmesser und dem Reibungswiderstand der Dichtelemente. Die theoretische Kolbenkraft wird nach folgender Formel berechnet:

$$F_{th} = A \cdot p$$

F_{th} theoretische Kolbenkraft (N)
A nutzbare Kolbenfläche (m^2)
p Arbeitsdruck (Pa)

Für die Praxis ist die effektive Kolbenkraft von Bedeutung. Bei ihrer Berechnung ist der Reibungswiderstand zu berücksichtigen. Bei normalen Betriebsverhältnissen (Druckbereich 400 bis 800 kPa/4 bis 8 bar) können die Reibungskräfte mit ca. 10 % der theoretischen Kolbenkraft angenommen werden.

Einfachwirkende Zylinder

$$F_{eff} = (A \cdot p) - (F_R + F_F)$$

Doppeltwirkende Zylinder

Vorhub: $F_{eff} = A \cdot p - F_R$
Rückhub: $F_{eff} = A' \cdot p - F_R$

F_{eff} effektive Kolbenkraft (N)
A nutzbare Kolbenfläche (m^2) $= \dfrac{D^2 \cdot \pi}{4}$
A' nutzbare Kolbenringfläche (m^2) $= (D^2 - d^2) \cdot \dfrac{\pi}{4}$
p Arbeitsdruck (Pa)
F_R Reibungskraft (ca. 10 % von F_{th}) (N)
F_F Kraft der Rückholfeder (N)
D Zylinderdurchmesser (m)
d Kolbenstangendurchmesser (m)

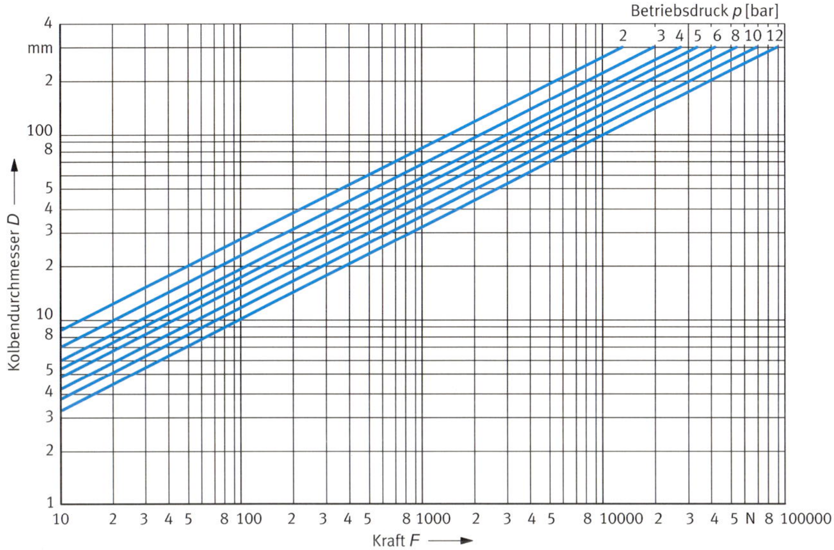

Bild 4.22: Druck-Kraft-Diagramm

4.5.2 Hublänge

Die Hublänge bei Pneumatik-Zylindern sollte nicht über 2 m liegen, bei kolbenstangenlosen Zylindern nicht über 10 m.
Durch großen Hub wird die mechanische Belastung der Kolbenstange und der Führungslager zu groß. Um ein Durchknicken der Kolbenstange zu vermeiden, sollte bei großer Hublänge das Knickungsdiagramm beachtet werden.

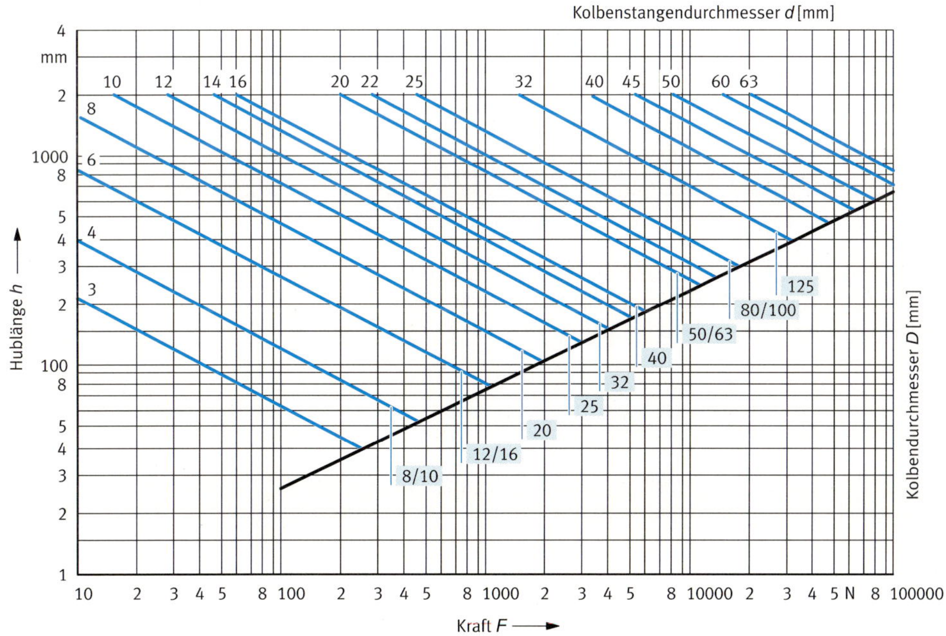

Bild 4.23: Knickungsdiagramm

4.5.3 Kolbengeschwindigkeit

Die Kolbengeschwindigkeit von Pneumatik-Zylindern ist abhängig von der Gegenkraft, dem vorhandenen Luftdruck, der Leitungslänge, dem Leitungsquerschnitt zwischen dem Stellelement und dem Arbeitselement sowie der Durchflussmenge durch das Stellelement. Weiter wird die Geschwindigkeit von der Endlagendämpfung beeinflusst.

Die mittlere Kolbengeschwindigkeit von Standardzylindern liegt bei etwa 0,1 bis 1,5 m/s. Mit Spezialzylindern (Schlagzylindern) werden Geschwindigkeiten bis zu 10 m/s erreicht. Die Kolbengeschwindigkeit kann mit Drossel-Rückschlagventilen gedrosselt werden. Mit Schnellentlüftungsventilen kann die Kolbengeschwindigkeit erhöht werden.

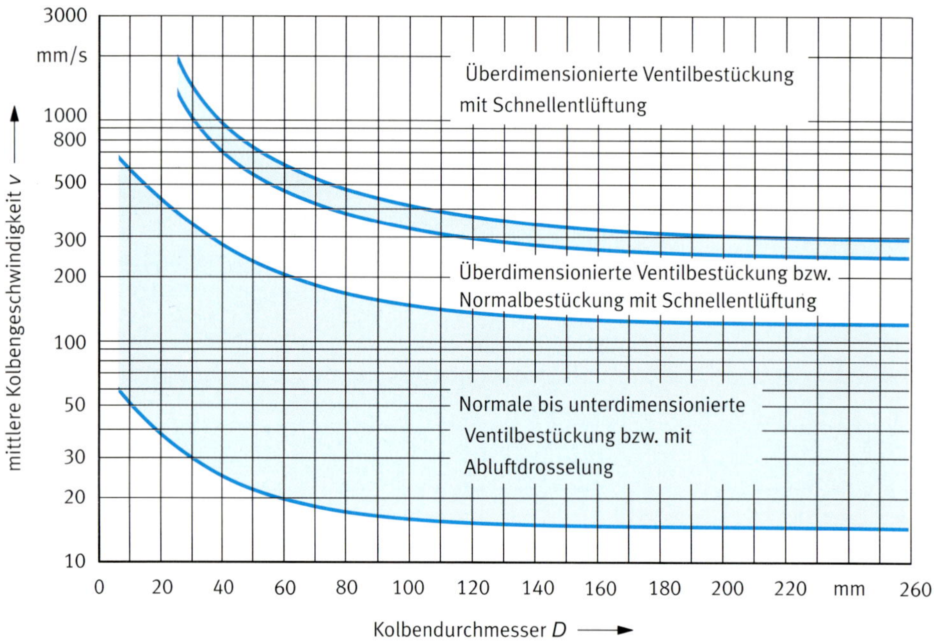

Bild 4.24: Mittlere Kolbengeschwindigkeit unbelasteter Kolben

4.5.4 Luftverbrauch

Für die Bereitstellung der Luft bzw. um Kenntnisse über Energiekosten zu bekommen, ist es wichtig, den Luftverbrauch der Anlage zu kennen. Der Luftverbrauch wird in Liter angesaugter Luft pro Minute angegeben. Bei bestimmten Werten für Arbeitsdruck, Kolbendurchmesser, Hub und Hubzahl pro Minute, berechnet sich der Luftverbrauch aus:

Luftverbrauch = Verdichtungsverhältnis · Kolbenfläche · Hub · Hubzahl pro Minute

$$\text{Verdichtungsverhältnis} = \frac{101{,}3 + \text{Arbeitsdruck (in kPa)}}{101{,}3}$$

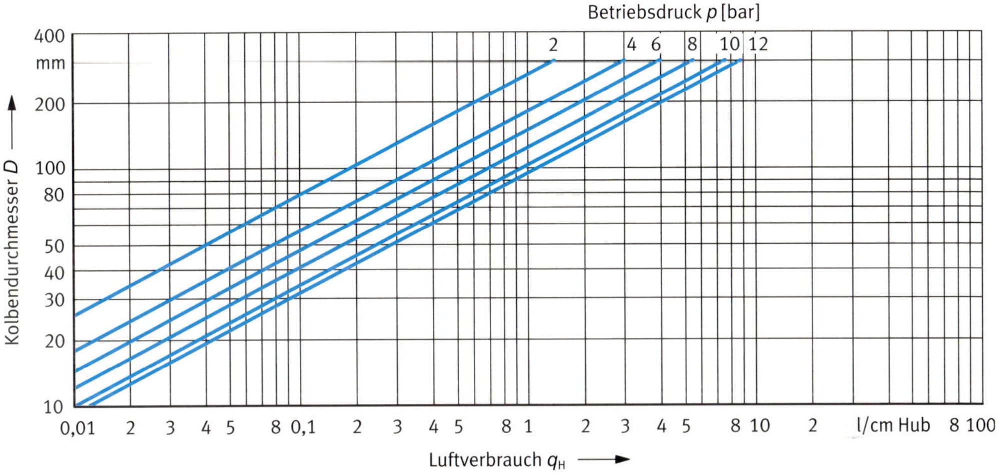

Bild 4.25: Luftverbrauchs-Diagramm

Die Formeln zur Berechnung des Luftverbrauchs nach dem Luftverbrauchsdiagramm lauten:

Für einfachwirkende Zylinder

$$q_B = s \cdot n \cdot q_H$$

Für doppeltwirkende Zylinder

$$q_B = 2 \cdot s \cdot n \cdot q_H$$

q_B Luftverbrauch (l/min)
s Hub (cm)
n Hubzahl pro Minute (1/min)
q_H Luftverbrauch pro cm Hub (l/cm)

Bei diesen Formeln wird der unterschiedliche Luftverbrauch doppeltwirkender Zylinder bei Vor- und Rückhub nicht berücksichtigt. Aufgrund anderer Toleranzen in Leitungen und Ventilen kann er vernachlässigt werden.

Zum Gesamtluftverbrauch eines Zylinders zählt auch das Füllen der Toträume. Dabei kann der Luftverbrauch bis zu 20 % des Arbeitsluftverbrauchs beitragen. Toträume eines Zylinders sind Druckluftzuleitungen im Zylinder selbst und nicht für den Hub nutzbare Räume in den Endstellungen des Kolbens.

Kolben-durchmesser in mm	Deckelseite in cm^3	Bodenseite in cm^3
12	1	0,5
16	1	1,2
25	5	6
35	10	13
50	16	19

Kolben-durchmesser in mm	Deckelseite in cm^3	Bodenseite in cm^3
70	27	31
100	80	88
140	128	150
200	425	448
250	2005	2337

Tabelle 4.1: Toträume von Zylindern (1000 cm^3 = 1 l)

4.6 Motoren

Geräte, die pneumatische Energie in mechanische Drehbewegung umformen, die auch fortdauernd sein kann, nennt man Druckluftmotoren. Der Druckluftmotor gehört im Montagebereich zu den häufig verwendeten Arbeitselementen. Man unterteilt die Druckluftmotoren nach ihrem Aufbau in:

- Kolbenmotoren
- Lamellenmotoren
- Zahnradmotoren
- Turbinenmotoren (Strömungsmotoren)

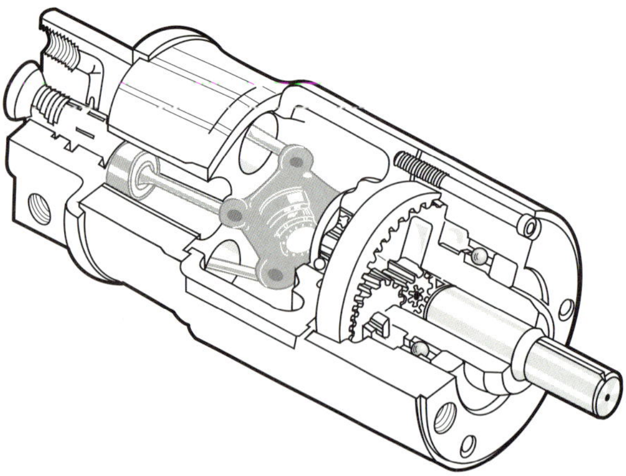

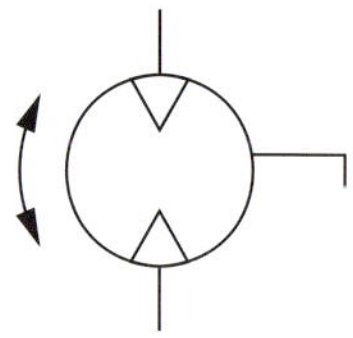

Bild 4.26: Luftmotor

Eigenschaften von Druckluftmotoren:

- Stufenlose Regelung von Drehzahl und Drehmoment
- Große Drehzahlauswahl
- Kleine Bauweise (Gewicht)
- Überlastsicher
- Unempfindlich gegen Staub, Wasser, Hitze, Kälte
- Explosionssicher
- Geringer Wartungsaufwand
- Drehrichtung ist leicht umsteuerbar

4.6.1 Kolbenmotoren

Diese Bauart wird noch unterteilt in Radial- und Axialkolbenmotoren. Durch hin- und hergehende Kolben treibt die Druckluft über ein Pleuel die Kurbelwelle des Motors an. Damit ein stoßfreier Lauf gewährleistet ist, sind mehrere Zylinder erforderlich. Die Leistung der Motoren ist abhängig vom Eingangsdruck, der Anzahl der Kolben, der Kolbenfläche und der Hub- und Kolbengeschwindigkeit.

Die Arbeitsweise der Axialkolbenmotoren ist ähnlich der Radialkolbenmotoren. In 5 axial angeordneten Zylindern wird die Kraft über eine Taumelscheibe in eine drehende Bewegung umgewandelt. Zwei Kolben werden dabei gleichzeitig mit Druckluft beaufschlagt, damit ein ausgeglichenes Drehmoment den ruhigen Lauf des Motors erzeugt.

Diese Druckluftmotoren werden rechts- sowie auch linksdrehend angeboten. Die Maximaldrehzahl liegt bei ca. 5000 min^{-1}, der Leistungsbereich bei Normaldruck zwischen 1,5 und 19 kW (2 und 25 PS).

4.6.2 Lamellenmotoren

Durch die einfache Bauweise und das geringe Gewicht werden Druckluftmotoren meist als Rotationsmaschinen mit Lamellen ausgeführt.

In einem zylinderförmigen Raum ist ein Rotor exzentrisch gelagert. In dem Rotor befinden sich Schlitze. Die Lamellen werden in den Schlitzen des Rotors geführt und durch die Fliehkraft nach außen an die Zylinder-Innenwand gedrückt. Bei anderen Bauarten wird das Anliegen der Lamellen durch Federn erreicht. Die Abdichtung der einzelnen Kammern ist damit gewährleistet.

Die Rotordrehzahl liegt zwischen 3000 und 8500 min^{-1}. Auch hier gibt es rechts- und linksdrehende Einheiten, sowie Leistungsbereiche von 0,1 bis 17 kW (0,14 bis 24 PS).

4.6.3 Zahnradmotoren

Die Erzeugung des Drehmoments erfolgt bei dieser Bauart durch den Druck der Luft gegen die Zahnflanken zwei im Eingriff stehender Zahnräder. Ein Zahnrad ist dabei fest mit der Motorwelle verbunden. Zahnradmotoren werden mit Gerad- oder Schrägverzahnung hergestellt. Diese Zahnradmotoren stehen als Antriebsmaschinen mit einer hohen Leistung (bis ca. 44 kW/60 PS) zur Verfügung. Die Drehrichtung ist auch bei diesen Motoren umsteuerbar.

4.6.4 Turbinenmotoren (Strömungsmotoren)

Turbinenmotoren können nur für kleine Leistungen eingesetzt werden. Der Drehzahlbereich ist aber sehr hoch (Luftbohrer beim Zahnarzt 500 000 min^{-1}). Die Funktionsweise entspricht der Umkehrung des Strömungsverdichterprinzips.

5 Wegeventile

5.1 Aufgaben

Wegeventile steuern den Weg der Druckluft. Die Durchflussrichtung ist durch einen Pfeil gekennzeichnet. Die Betätigung kann manuell, mechanisch, pneumatisch oder elektrisch erfolgen. Zu den wichtigsten Aufgaben von Wegeventilen gehören:

- das Zuschalten bzw. Absperren der Druckluftversorgung
- das Ein- und Ausfahren von pneumatischen Antrieben.

5.1.1 Magnetventile

Eine elektropneumatische Steuerung arbeitet mit zwei unterschiedlichen Energieträgern:

- mit elektrischer Energie im Signalsteuerteil
- mit Druckluft im Leistungsteil.

Die elektrisch betätigten Wegeventile oder Magnetventile bilden die Schnittstelle zwischen beiden Teilen einer elektropneumatischen Steuerung. Sie werden durch die Ausgangssignale des Signalsteuerteils geschaltet und sperren bzw. öffnen Verbindungen im pneumatischen Leistungsteil.

5.1.2 Ansteuerung eines einfachwirkenden Zylinders

Bild 5.1 zeigt ein Wegeventil, das die Bewegung eines einfachwirkenden Zylinderantriebs steuert. Es weist drei Anschlüsse und zwei Schaltstellungen auf.

- Ist das Wegeventil in seiner Ausgangsstellung, wird die Zylinderkammer über das Wegeventil entlüftet. Die Kolbenstange ist eingefahren.
- Wird das Wegeventil betätigt, wird die Zylinderkammer belüftet. Die Kolbenstange fährt aus.
- Schaltet das Wegeventil zurück, wird die Zylinderkammer entlüftet und die Kolbenstange fährt ein.

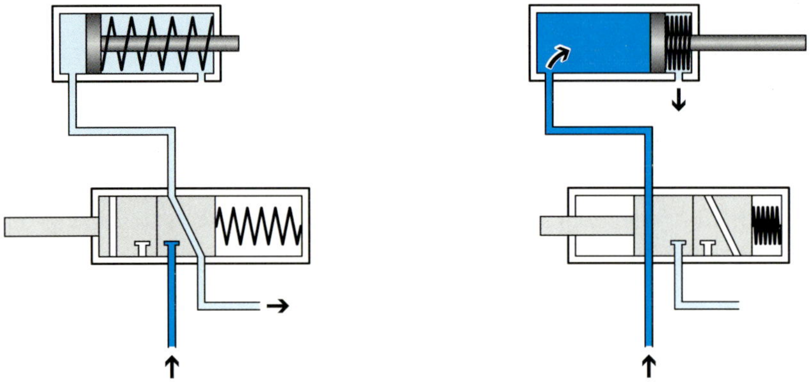

Bild 5.1: Ansteuerung eines einfachwirkenden Zylinders

5.1.3 Ansteuerung eines doppeltwirkenden Zylinders

Der doppeltwirkende Zylinder wird durch ein Wegeventil mit fünf Anschlüssen und zwei Schaltstellungen betätigt.

- Ist das Wegeventil in seiner Ausgangsstellung, wird die linke Zylinderkammer entlüftet, die rechte Zylinderkammer hingegen belüftet. Die Kolbenstange ist eingefahren.
- Wird das Wegeventil betätigt, wird die linke Zylinderkammer belüftet und die rechte Zylinderkammer wird entlüftet. Die Kolbenstange fährt aus.
- Schaltet das Wegeventil zurück, fährt die Kolbenstange ein.

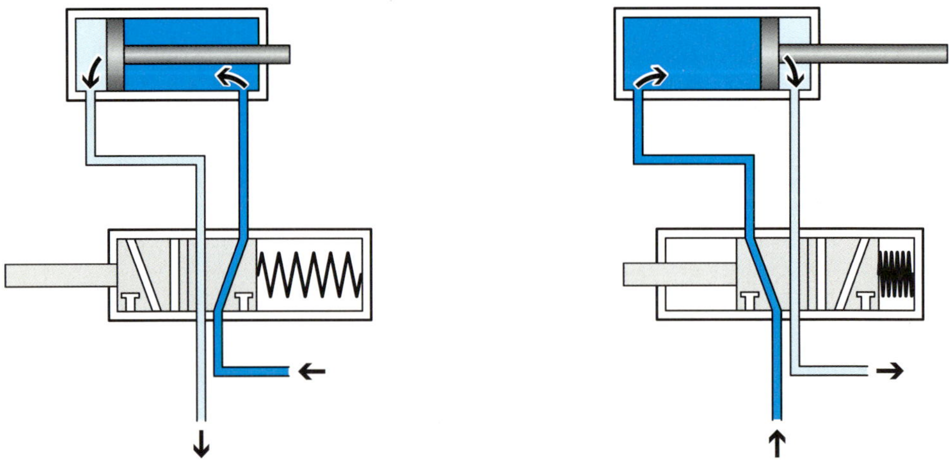

Bild 5.2: Ansteuerung eines doppeltwirkenden Zylinders

5.2 Aufbau

Wegeventile lassen sich in zwei Gruppen einteilen:

- Federrückgestellte Ventile halten die betätigte Schaltstellung nur so lange, wie die Betätigung vorliegt.
- Impulsventile halten die zuletzt eingenommene Schaltstellung auch dann, wenn sie nicht mehr betätigt werden.

Weitere Unterscheidungsmerkmale sind die Anzahl der Ventilanschlüsse und die Anzahl der Schaltstellungen. Die Ventilbezeichnung wird durch die Betätigung sowie durch Anschluss- und Schaltstellungsanzahl bestimmt, z. B.

- federrückgestelltes 3/2-Wege-Pneumatikventil
- 5/2-Wege-Magnetimpulsventil.

Das Konstruktionsprinzip eines Wegeventils ist ebenfalls ein wichtiger Faktor für die Lebensdauer, Schaltzeit, Betätigungsart, Anschlussmethoden und Größe. Die folgenden Konstruktionsarten von Wegeventilen werden unterschieden:

- Sitzventile
  - Kugelsitzventile
  - Tellersitzventile
- Schieberventile
  - Längsschieberventile (Kolbenventile)
  - Längs-Flachschieberventile
  - Plattenschieberventile

5.2.1 Sitzventile

Bei Sitzventilen werden die Wege mittels Kugel, Teller, Platte oder Kegel geöffnet oder geschlossen. Die Ventilsitze sind in der Regel mit Gummidichtungen abgedichtet. Sitzventile haben kaum Verschleißteile und deshalb eine lange Lebensdauer. Sie sind schmutzunempfindlich und widerstandsfähig. Die benötigte Betätigungskraft ist jedoch relativ hoch, da die Kraft der eingebauten Rückstellfeder und der Luftdruck überwunden werden müssen.

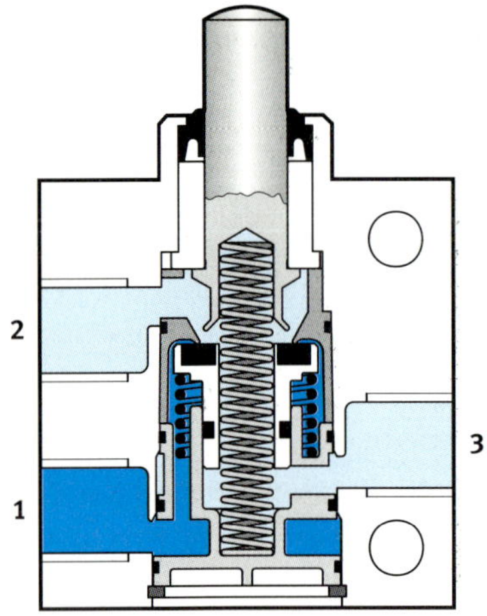

Bild 5.3: 3/2-Wegeventil, mechanisch betätigt (Stößel), Tellersitz

5.2.2 Schieberventile

Bei Schieberventilen werden die einzelnen Anschlüsse durch Längsschieber, Längs-Flachschieber oder Plattenschieber verbunden oder geschlossen.

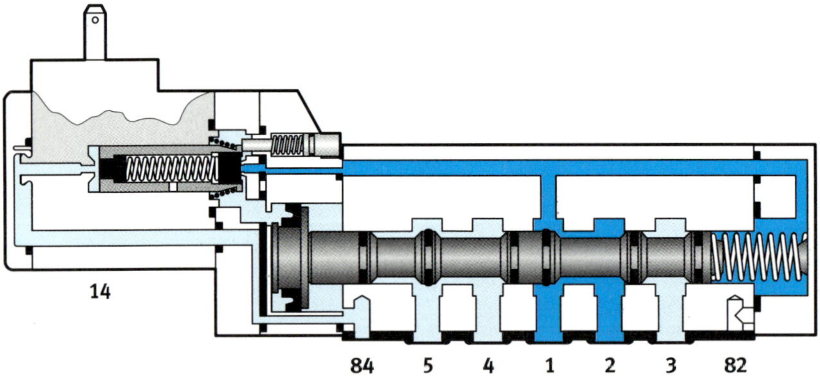

Bild 5.4: 5/2-Wege-Magnetventil, elektrisch betätigt (Spule), Längsschieber (Kolben)

5.2.3 Pneumatische Leistungsdaten

Wegeventile werden in zahlreichen Varianten und Baugrößen hergestellt, um den unterschiedlichen Anforderungen der industriellen Praxis gerecht zu werden.

Bei der Auswahl eines geeigneten Ventils ist eine schrittweise Vorgehensweise zweckmäßig.

1. Zunächst wird, ausgehend von Aufgabenstellung und gefordertem Verhalten bei Energieausfall, der Ventiltyp ermittelt (z. B. federrückgestelltes 5/2-Wegeventil).
2. Im zweiten Schritt wird anhand der in den Herstellerkatalogen aufgelisteten Leistungsdaten das Ventil bestimmt, das die durch die Aufgabenstellung vorgegebenen Anforderungen bei möglichst geringen Gesamtkosten erfüllt. Dabei sind nicht nur die Kosten des Ventils, sondern auch der Aufwand für Installation, Wartung, Ersatzteilhaltung usw. zu berücksichtigen.

In Tabelle 5.1 und Tabelle 5.2 sind die am häufigsten verwendeten Ventiltypen, ihre Symbole und ihre Anwendungen zusammengefasst.

Ventiltyp	Symbol	Anwendungen
vorgesteuertes, federrückgestelltes 2/2-Wegeventil	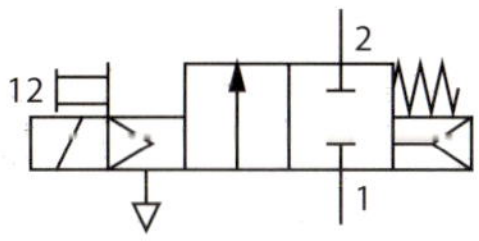	Absperrfunktion
vorgesteuertes, federrückgestelltes 3/2-Wegeventil (Ruhestellung geschlossen)	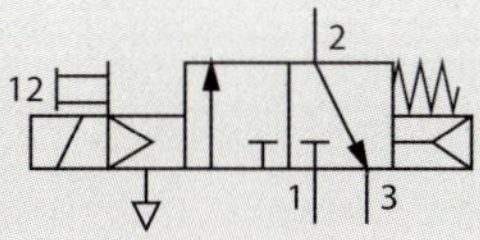	einfachwirkende Zylinder
vorgesteuertes, federrückgestelltes 3/2-Wegeventil (Ruhestellung geöffnet)	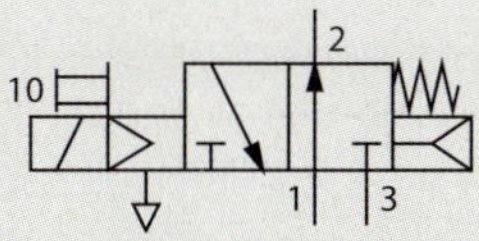	Zu- und Abschalten der Druckluft
vorgesteuertes, federrückgestelltes 4/2-Wegeventil	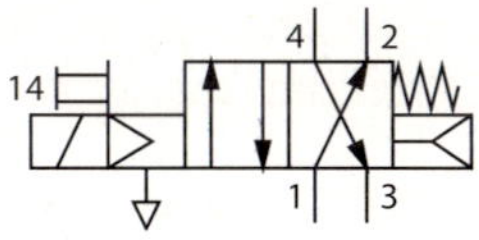	doppeltwirkender Linear- bzw. Schwenkzylinder
vorgesteuertes, federrückgestelltes 5/2-Wegeventil	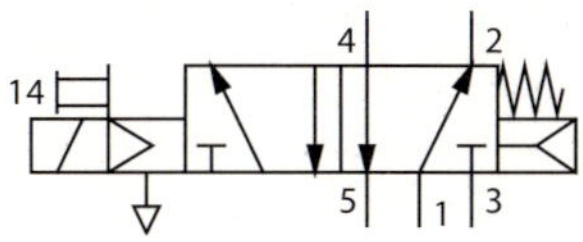	

Tabelle 5.1: Anwendungen und Symbole für federrückgestellte elektrisch betätigte Wegeventile

Ventiltyp	Symbol	Anwendungen
vorgesteuertes, federrückgestelltes 5/3-Wege-Magnetventil (Ruhestellung geschlossen, entlüftet oder belüftet)	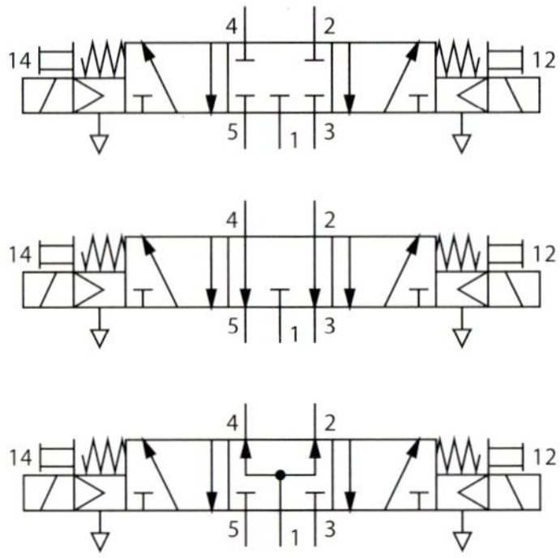	doppeltwirkender Linear- bzw. Schwenkzylinder mit Zwischenstopp/mit besonderen Anforderungen an das Verhalten bei Energieausfall
vorgesteuertes 4/2-Wege-Magnetimpulsventil	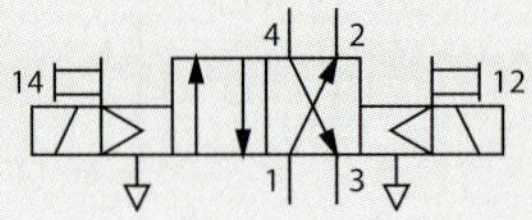	Doppeltwirkende Linear- und Schwenkzylinder
vorgesteuertes 5/2-Wege-Magnetimpulsventil	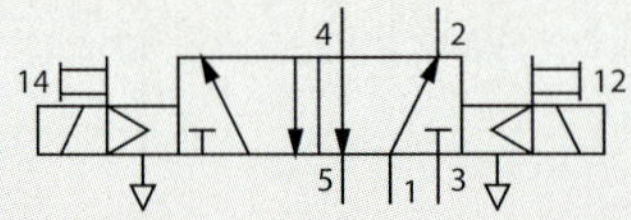	

Tabelle 5.2: Anwendungen und Symbole für federrückgestellte elektrisch betätigte Wegeventile und elektrisch betätigte Impulsventile

In der Tabelle 5.3 sind die pneumatischen Leistungsdaten und Betriebsbedingungen von drei 5/2-Wegeventilen zusammengefasst.

Ventiltyp	vorgesteuertes federrückgestelltes 5/2-Wegeventil	vorgesteuertes federrückgestelltes 5/2-Wegeventil mit Steuerhilfsluft	vorgesteuertes federrückgestelltes 5/2-Wegeventil
Anschluss-anordnung	Grundplattenventil	Grundplattenventil mit Steuerhilfsluft	Einzelventil
Symbol	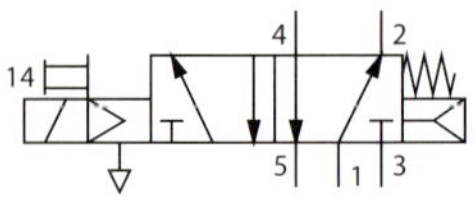	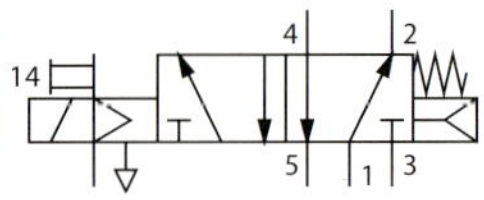	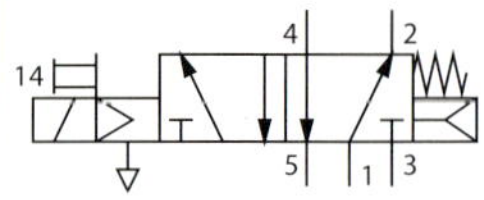
Nennweite	4,0 mm	4,0 mm	14,0 mm
Nenndurchfluss	500 l/min	500 l/min	2000 l/min
Druckbereich	250 – 800 kPa	90 – 800 kPa (Steuerhilfsluft: 250 – 800 kPa)	250 – 1000 kPa
Schaltzeiten Ein/Aus	20/30 ms	20/30 ms	30/55 ms

Tabelle 5.3: Pneumatische Leistungsdaten von elektrisch betätigten Wegeventilen (Festo)

5.2.4 Betätigungsarten von Wegeventilen

Die Betätigungsart der Wegeventile hängt von den Systemanforderungen ab. Betätigungsarten können sein:

- muskelkraftbetätigt
- mechanisch betätigt
- druckluftbetätigt
- elektrisch betätigt
- Kombinationen von Betätigungsarten

Zur vollständigen Darstellung eines Wegeventils im pneumatischen Schaltplan gehören:

- die Grundbetätigungsart des Ventils
- die Rückstellung
- die Vorsteuerung (falls vorhanden)
- zusätzliche Betätigungen (z. B. Handhilfsbetätigung, falls vorhanden)

Jedes Betätigungssymbol wird auf der Seite der Schaltstellungen eingezeichnet, die seiner Wirkrichtung entspricht.

Funktion	Symbol
Muskelkraftbetätigung	
durch Drücken	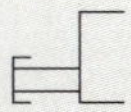
durch Hebel	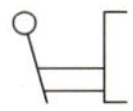
Mechanische Betätigung	
durch Stößel	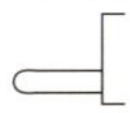
durch Rolle	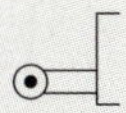
Pneumatische Betätigung	
durch Druckluft	
Rückstellung durch Luftfeder	
Elektrische Betätigung	
durch Magnetspule	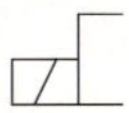
Kombinierte Betätigung	
vorgesteuertes Ventil, beidseitig elektromagnetisch betätigt, Handhilfsbetätigung	
Mechanische Bestandteile	
Rückstellung durch Feder	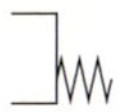

Tabelle 5.4: Betätigungsarten von Wegeventilen

5.3 2/2-Wegeventile

Das 2/2-Wegeventil hat zwei Anschlüsse und zwei Schaltstellungen (geöffnet, gesperrt). In der gesperrten Schaltstellung ist bei diesem Ventil keine Entlüftung vorgesehen (im Gegensatz zum 3/2-Wegeventil). Die häufigste Bauart ist der Kugelsitz.

Das 2/2-Wegeventil wird manuell, mechanisch, elektrisch oder pneumatisch betätigt.

5.4 3/2-Wegeventile

Mit dem 3/2-Wegeventil können Signale gesetzt und rückgesetzt werden. Das 3/2-Wegeventil hat drei Anschlüsse und zwei Schaltstellungen.

Die Betätigung von 3/2-Wegeventilen kann manuell, mechanisch, elektrisch oder pneumatisch erfolgen. Die Betätigungsart richtet sich nach den Anforderungen der Steuerung.

5.4.1 3/2-Wege-Handschiebeventil

Die Bauweise dieses manuell betätigten Ventils ist einfach. Die Betätigung erfolgt durch Verschieben der Griffhülse (1) in Längsrichtung. Dieses Ventil wird als Absperrventil eingesetzt und dient vorwiegend zur Be- und Entlüftung von Steuerungsanlagen oder Teilen von Anlagen.

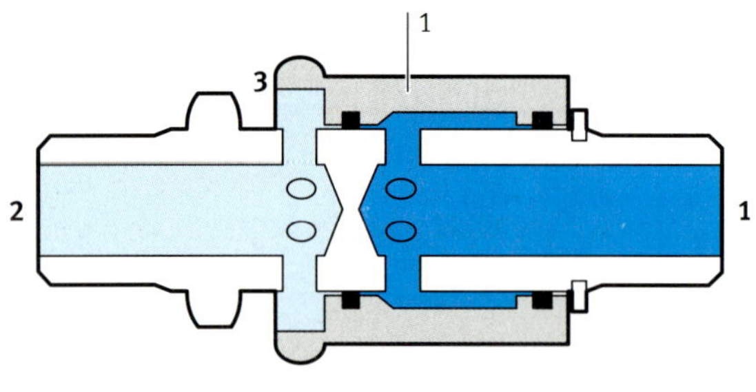

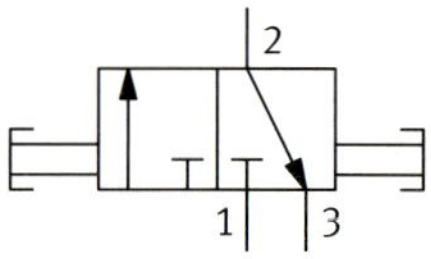

Bild 5.5: 3/2-Wege-Handschiebeventil

5.4.2 3/2-Wege-Stößelventil

Dieses mechanisch betätigte Ventil ist nach dem Tellersitzprinzip aufgebaut. Die Dichtung ist einfach und wirksam. Die Ansprechzeit ist kurz. Über einen kleinen Öffnungsweg wird ein großer Querschnitt zum Durchströmen der Luft frei. Wie die Kugelsitzventile sind auch diese Ventile schmutzunempfindlich und haben daher eine lange Lebensdauer. 3/2-Wegeventile werden für Steuerungen mit einfachwirkenden Zylindern oder zum Ansteuern von Stellelementen verwendet.

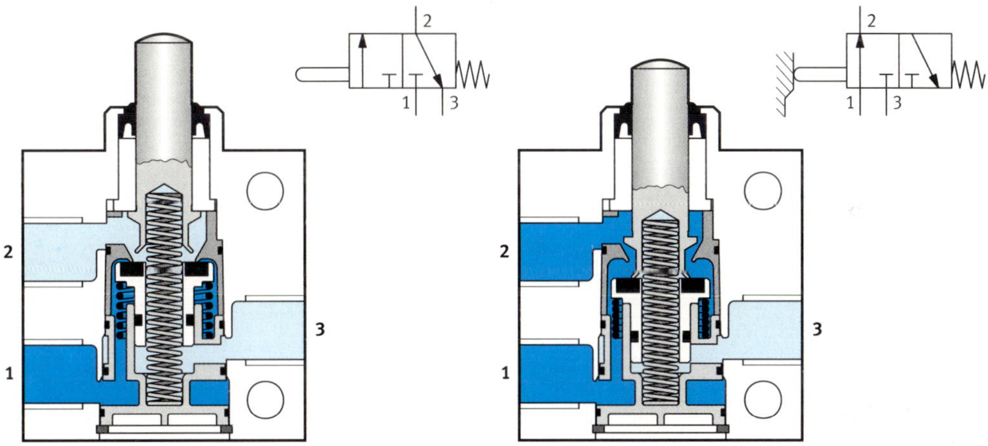

Bild 5.6: 3/2-Wege-Stößelventil, Sperr-Ruhestellung, Tellersitz; links: unbetätigt, rechts: betätigt

Bei einem Ventil mit Durchfluss-Ruhestellung ist der Anschluss 1 nach 2 in der Ruhestellung geöffnet. Der Ventiltellersitz sperrt den Anschluss 3 ab. Bei Betätigung des Ventilstößels wird der Druckluftanschluss 1 durch den Stößel abgesperrt und der Ventilteller wird vom Sitz abgehoben. Die Abluft kann nun von 2 nach 3 entweichen. Wird der Ventilstößel nicht mehr betätigt, setzt die Rückstellfeder den Ventilstößel und den Ventilteller in die Ausgangsstellung zurück. Die Druckluft strömt wieder von 1 nach 2.

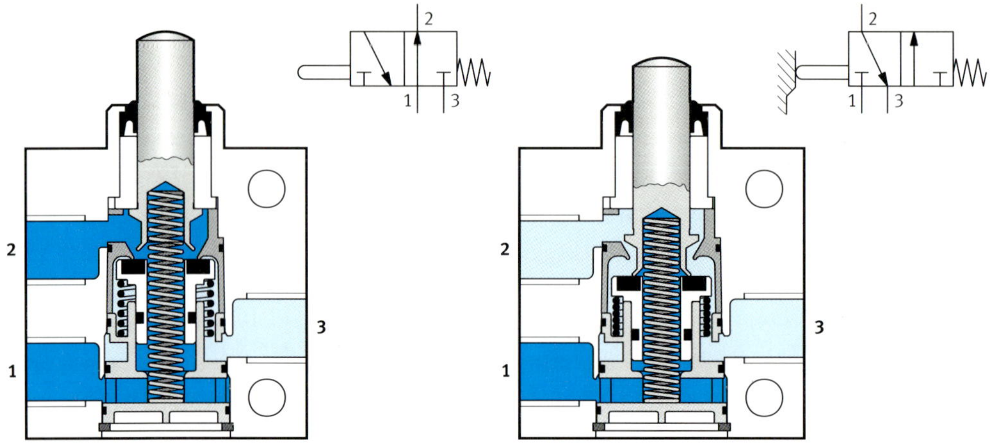

Bild 5.7: 3/2-Wege-Stößelventil, Durchfluss-Ruhestellung, Tellersitz; links: unbetätigt, rechts: betätigt

5.4.3 3/2-Wege-Pneumatikventil

Das druckluftbetätigte 3/2-Wege-Pneumatikventil wird über ein pneumatisches Signal am Eingang 12 betätigt. Bild 5.8 zeigt ein druckluftbetätigtes Ventil mit Federrückstellung in Sperr-Ruhestellung.

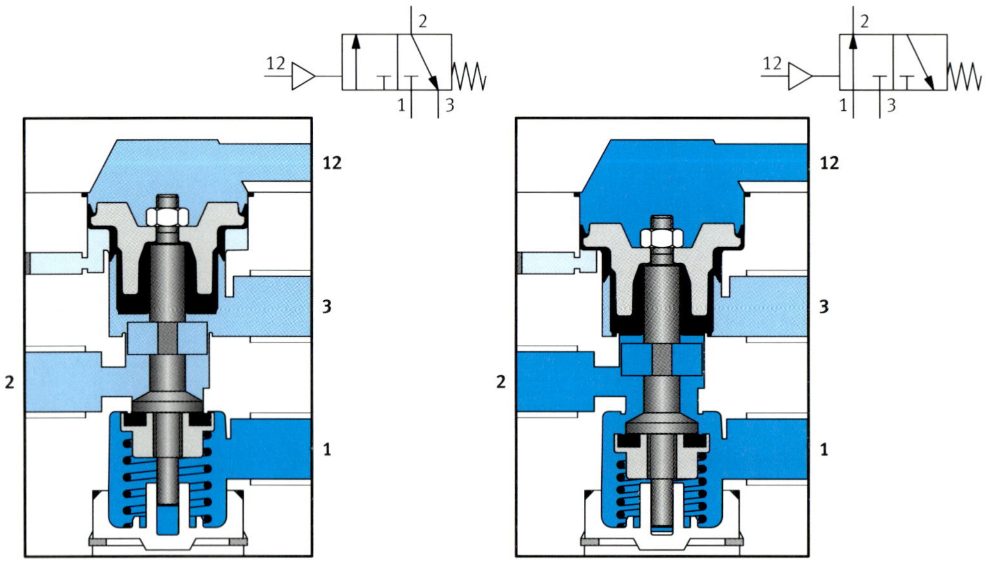

Bild 5.8: 3/2-Wege-Pneumatikventil, Sperr-Ruhestellung, druckluftbetätigt, mit Rückstellfeder; links: unbetätigt, rechts: betätigt

Durch die Beaufschlagung des Steuerkolbens mit Druckluft bei Anschluss 12 wird der Ventilstößel gegen die Rückstellfeder umgesteuert. Die Anschlüsse 1 und 2 werden miteinander verbunden. Nach Entlüftung des Steueranschlusses 12 wird der Steuerkolben durch die eingebaute Feder in die Ausgangslage zurückgestellt. Der Teller schließt 1 nach 2 ab. Die Abluft der Arbeitsleitung 2 kann über 3 entlüften. Das 3/2-Wege-Pneumatikventil mit Rückstellfeder kann in Sperr-Ruhestellung und Durchfluss-Ruhestellung verwendet werden.

Ein druckluftbetätigtes Ventil kann als Stellelement zur indirekten Ansteuerung eingesetzt werden. Das Signal zum Ausfahren des Zylinders 1A1 wird indirekt über das muskelkraftbetätigte 3/2-Wegeventil 1S1 ausgelöst, das das Steuersignal an das Stellelement 1V1 weiterleitet.

Für die Durchfluss-Ruhestellung müssen lediglich die Anschlüsse 1 und 3 invers zur Sperr-Ruhestellung angeschlossen werden. Der Kopf des Ventils mit dem Steueranschluss 12 kann um 180° gedreht werden. Der Steueranschluss wird dann mit 10 bezeichnet.

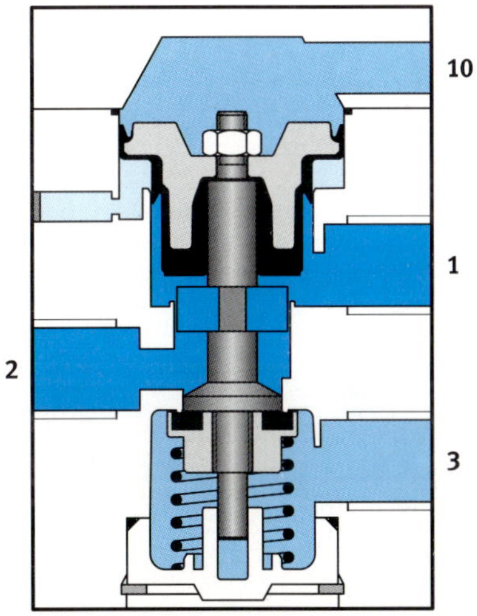

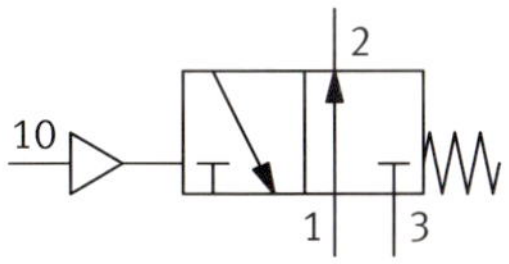

Bild 5.9: 3/2-Wege-Pneumatikventil, Durchfluss-Ruhestellung, druckluftbetätigt, mit Rückstellfeder; unbetätigt

5.4.4 3/2-Wege-Magnetventil

Bild 5.10 zeigt zwei Schnittbilder eines elektrisch betätigten 3/2-Wege-Magnetventils.

- In der Ruhestellung ist der Verbraucheranschluss 2 durch die Nut im Anker (siehe Detaildarstellung) mit dem Abluftanschluss 3 verbunden.
- Fließt ein elektrischer Strom durch die Magnetspule, so übt das Magnetfeld eine nach oben gerichtete Kraft auf den Anker aus. Der Anker wird gegen die Federkraft angehoben. Der untere Dichtsitz öffnet, und der Durchfluss vom Druckanschluss 1 zum Verbraucheranschluss 2 wird freigegeben. Der obere Dichtsitz schließt und sperrt die Verbindung zwischen Anschluss 1 und Anschluss 3 ab.
- Ist die Magnetspule stromlos, bewegt sich der Anker durch die Federkraft zurück in seine Ruhestellung. Die Verbindung zwischen Anschluss 2 und Anschluss 3 wird geöffnet, die Verbindung zwischen Anschluss 1 und Anschluss 2 wird abgesperrt. Die Druckluft entweicht durch das Ankerrohr und den Anschluss 3.

Handhilfsbetätigung

Mit der Handhilfsbetätigung A lässt sich die Verbindung zwischen Anschluss 1 und Anschluss 2 freigeben, auch wenn kein Strom durch die Spule des Elektromagneten fließt. Die Schraube wird verdreht, und der Exzenter betätigt den Anker. Durch Zurückdrehen der Schraube schaltet das Ventil wieder in die Ruhestellung.

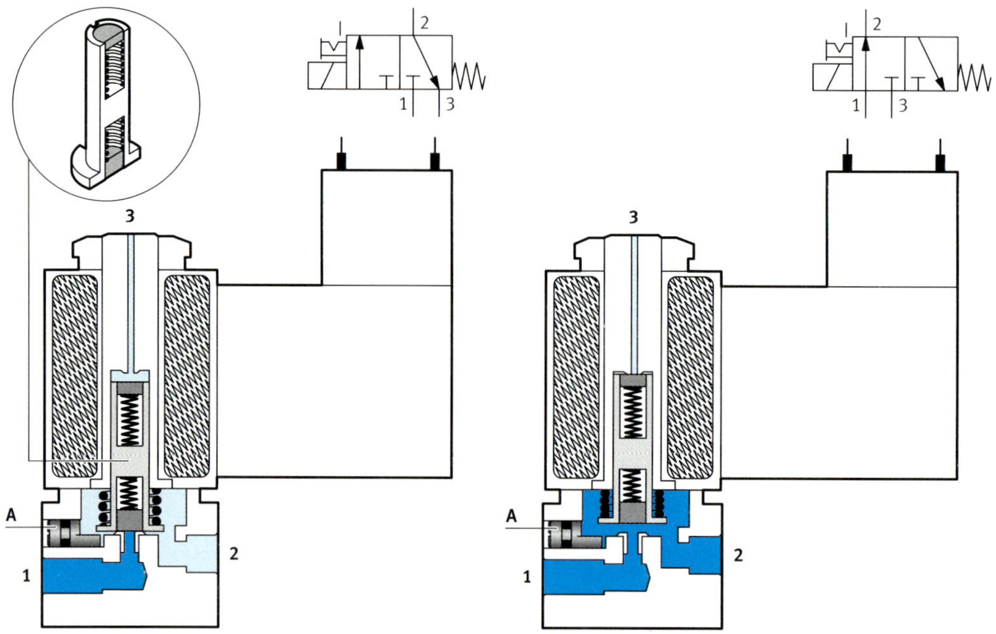

Bild 5.10: 3/2-Wege-Magnetventil mit Handhilfsbetätigung, Sperr-Ruhestellung; links unbetätigt, rechts betätigt

Im Bild 5.11 ist ein in Ruhestellung geöffnetes, elektrisch betätigtes 3/2-Wegeventil dargestellt. Das linke Bild zeigt das Ventil in Ruhestellung, das rechte Bild in der betätigten Stellung. Verglichen mit dem in Ruhestellung geschlossenen Ventil (Bild 5.10) sind Druck- und Abluftanschluss vertauscht.

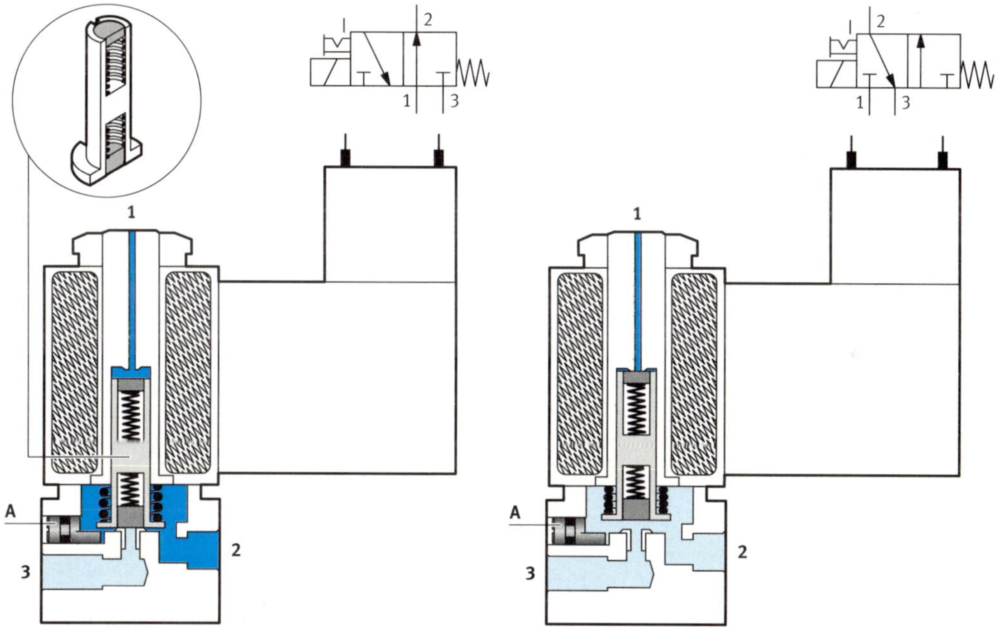

Bild 5.11: 3/2-Wege-Magnetventil mit Handhilfsbetätigung Durchfluss-Ruhestellung; links unbetätigt, rechts betätigt

5.5 Vorgesteuerte Wegeventile

5.5.1 Funktionsweise der Vorsteuerstufe bei manuell und mechanisch betätigten Wegeventilen

Bei vorgesteuerten Wegeventilen wird der Ventilkolben indirekt betätigt. Vorgesteuerte Ventile benötigen nur geringe Betätigungskräfte. Ein Kanal mit kleinem Durchmesser verbindet den Druckluftanschluss 1 mit dem Vorsteuerventil. Öffnet das Vorsteuerventil strömt die anstehende Druckluft zur Membran und bewegt den Ventilteller des Hauptventils nach unten. Wird das Vorsteuerventil gesperrt, erfolgt die Entlüftung an der Führungsbuchse des Stößels entlang. Bei federrückgestellten Wegeventilen wird der Ventilteller des Hauptventils durch die Rückstellfeder in seine Ausgangslage gebracht.

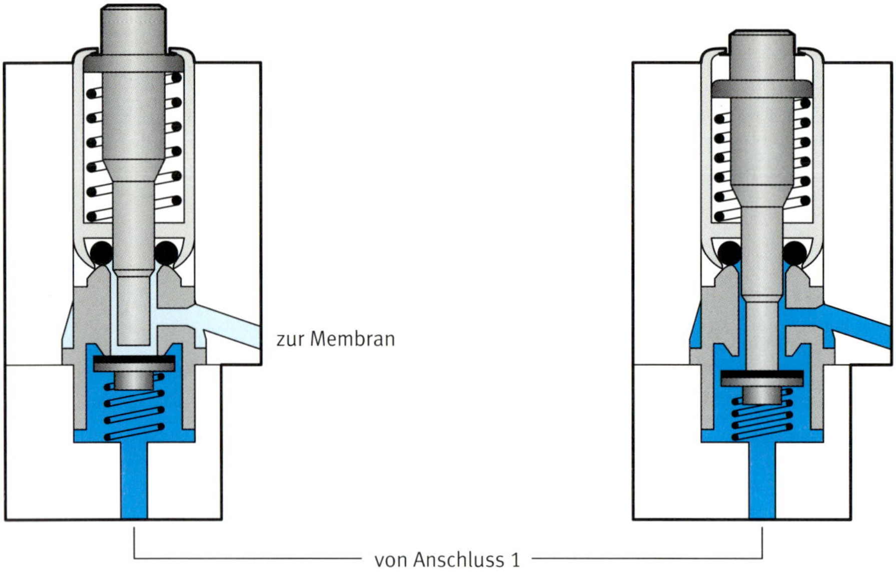

Bild 5.12: Vorsteuereinheit: links unbetätigt, rechts betätigt

5.5.2 Vorgesteuertes 3/2-Wege-Rollenhebelventil

Wird der Rollenhebel betätigt, so öffnet das Vorsteuerventil. Die Ventilumsteuerung erfolgt in zwei Phasen: Zunächst wird der Anschluss 2 nach 3 gesperrt, dann der Anschluss 1 nach 2 geöffnet. Die Rückstellung erfolgt durch Loslassen des Rollenhebels.

Diese Ventilart kann wahlweise in der Sperr- oder Durchfluss-Ruhestellung eingesetzt werden. Es müssen lediglich die Anschlüsse 1 und 3 vertauscht und der Betätigungsaufbau um 180° gedreht werden.

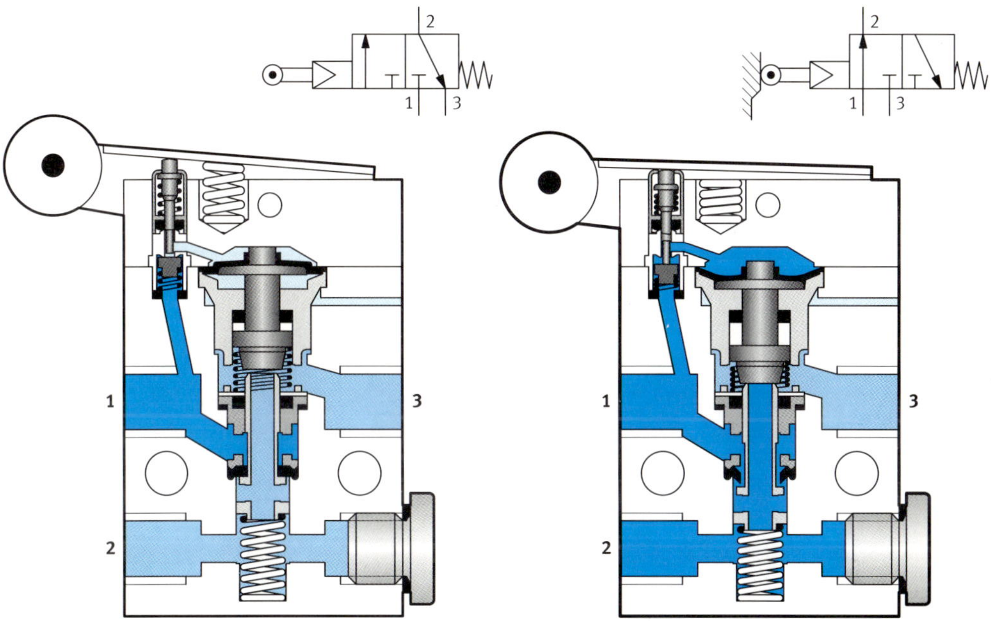

Bild 5.13: 3/2-Wege-Rollenhebelventil, vorgesteuert, Sperr-Ruhestellung – links: unbetätigt: rechts: betätigt

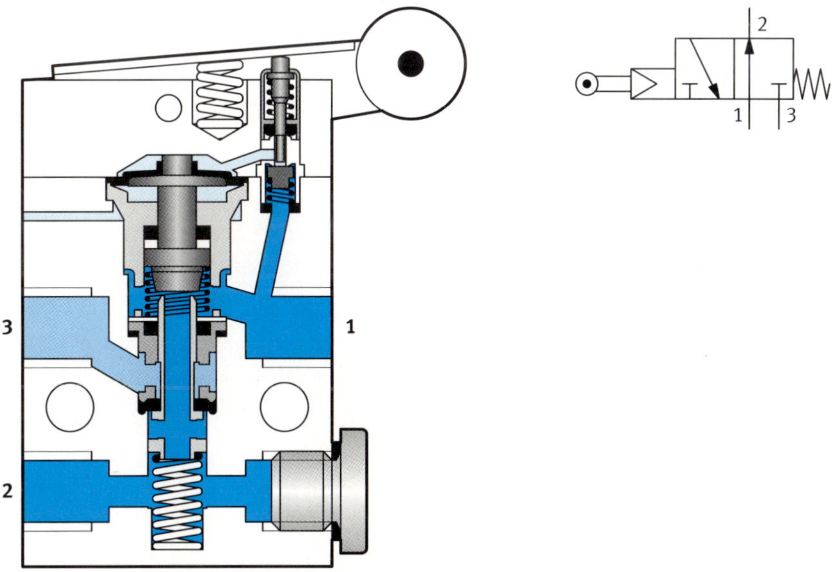

Bild 5.14: 3/2-Wege-Rollenhebelventil, vorgesteuert, Durchfluss-Ruhestellung

5.5.3 Funktionsweise der Vorsteuerstufe bei elektrisch betätigten Wegeventilen

Ist die Spule stromlos, wird der Anker durch die Feder auf seinen unteren Dichtsitz gepresst. Die Kammer auf der Oberseite des Kolbens wird entlüftet.

Wird die Spule von Strom durchflossen, so zieht die Kraft des Elektromagneten den Anker nach oben. Die Kammer auf der Oberseite des Kolbens wird belüftet.

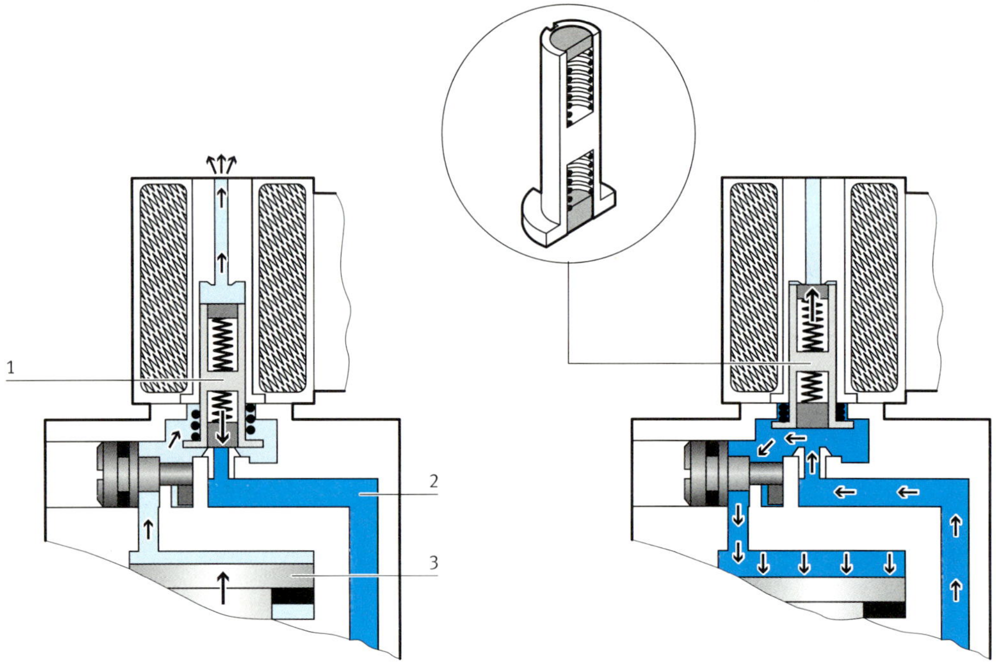

1 Anker; 2 Luftkanal; 3 Ventilkolben

Bild 5.15: Vorsteuerung eines Wegeventils

5.5.4 Vorgesteuertes 3/2-Wege-Magnetventil

Bild 5.16 zeigt zwei Schnittbilder eines vorgesteuerten 3/2-Wege-Magnetventils.

- In der Ruhestellung wirkt nur der atmosphärische Druck auf die obere Kolbenfläche, sodass die Federkraft den Kolben nach oben drückt (Bild 5.16, links). Die Anschlüsse 2 und 3 sind miteinander verbunden.

- Fließt Strom durch die Magnetspule, wird die Kammer oberhalb des Ventilkolbens mit dem Druckanschluss 1 verbunden (Bild 5.16, rechts). Die Kraft auf die Oberseite des Ventilkolbens steigt, und der Ventilkolben wird nach unten gedrückt. Die Verbindung zwischen Anschluss 2 und 3 wird abgesperrt, die Verbindung zwischen den Anschlüssen 1 und 2 wird geöffnet. Diese Schaltstellung bleibt so lange erhalten, wie Strom durch die Magnetspule fließt.
- Wird die Magnetspule stromlos, schaltet das Ventil in die Ruhestellung zurück.

Um den Kolben eines vorgesteuerten Ventils gegen die Federkraft zu betätigen, ist ein Mindestversorgungsdruck (Steuerdruck) erforderlich. Er wird in den technischen Ventilunterlagen angegeben und liegt, je nach Ventiltyp, bei ca. 200 bis 300 kPa (2 bis 3 bar).

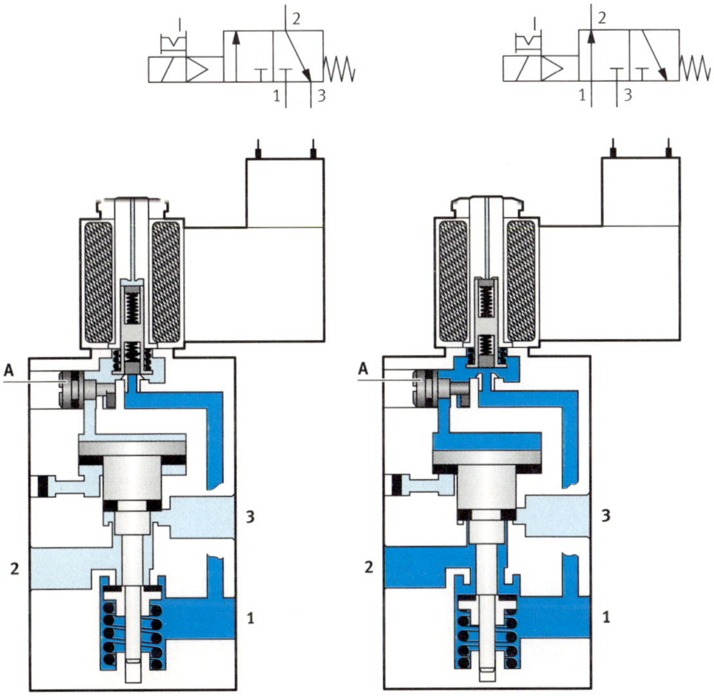

A Handhilfsbetätigung

Bild 5.16: Vorgesteuertes 3/2-Wege-Magnetventil, Sperr-Ruhestellung, mit Handhilfsbetätigung, mit Rückstellfeder; links: unbetätigt, rechts: betätigt

5.5.5 Vergleich vorgesteuerter und direktgesteuerter Ventile

Je größer die Strömungsquerschnitte in einem Wegeventil sind, umso höher ist der Luftdurchfluss.

Bei einem direktgesteuerten Ventil wird der Durchfluss zum Verbraucher vom Anker freigegeben (Bild 5.10). Um einen hinreichenden Öffnungsquerschnitt und damit einen ausreichenden Durchfluss zu erreichen, wird ein vergleichsweise großer Anker benötigt. Dementsprechend ist eine starke Rückstellfeder erforderlich und der Elektromagnet muss eine große Kraft aufbringen. Er weist deshalb ein großes Bauvolumen und eine hohe elektrische Leistungsaufnahme auf.

Bei einem vorgesteuerten Ventil wird der Durchfluss zum Verbraucher von der Hauptstufe geschaltet (Bild 5.16). Über den Luftkanal wird der Ventilkolben bewegt. Dazu reicht ein geringer Durchfluss aus, sodass ein vergleichsweise kleiner Anker mit geringer Betätigungskraft eingesetzt werden kann. Im Vergleich zu einem direktgesteuerten Ventil kann der Elektromagnet kleiner ausgelegt werden. Die elektrische Leistungsaufnahme und die Wärmeabgabe sind geringer.

Die Vorteile bezüglich elektrischer Leistungsaufnahme, Baugröße des Elektromagneten und Wärmeabgabe haben dazu geführt, dass in elektropneumatischen Steuerungen fast ausschließlich vorgesteuerte Wegeventile eingesetzt werden.

5.6 5/2-Wegeventile

Das 5/2-Wegeventil hat fünf Arbeitsanschlüsse und zwei Schaltstellungen. Es wird hauptsächlich als Stellelement für die Ansteuerung von doppeltwirkenden Zylindern eingesetzt.

5.6.1 5/2-Wege-Pneumatikventil

Ein Beispiel für ein 5/2-Wege-Pneumatikventil ist das Längsschieberventil. Als Steuerelement besitzt es einen Steuerkolben, der die entsprechenden Anschlüsse durch Längsbewegungen miteinander verbindet bzw. trennt. Im Gegensatz zum Kugel- oder Tellersitzprinzip ist die Betätigungskraft dabei gering, weil kein anstehender Luftdruck zu überwinden ist.

Bei den Längsschieberventilen sind sämtliche Betätigungsarten – manuell, mechanisch, elektrisch oder pneumatisch – möglich. Auch zur Rückstellung des Ventils in seine Ausgangslage können diese Betätigungsarten angewandt werden.

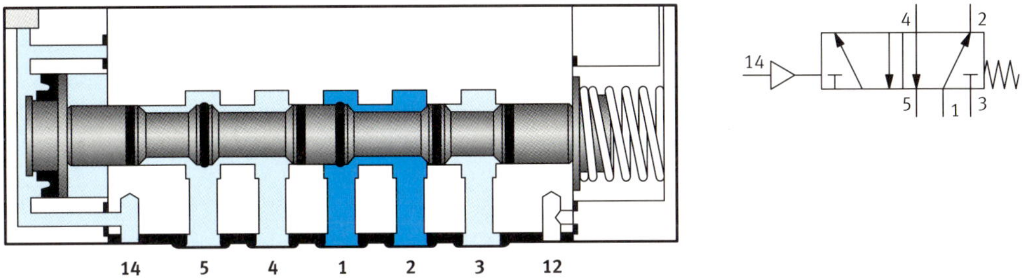

Bild 5.17: 5/2-Wege-Pneumatikventil

5.6.2 5/2-Wege-Pneumatikimpulsventil

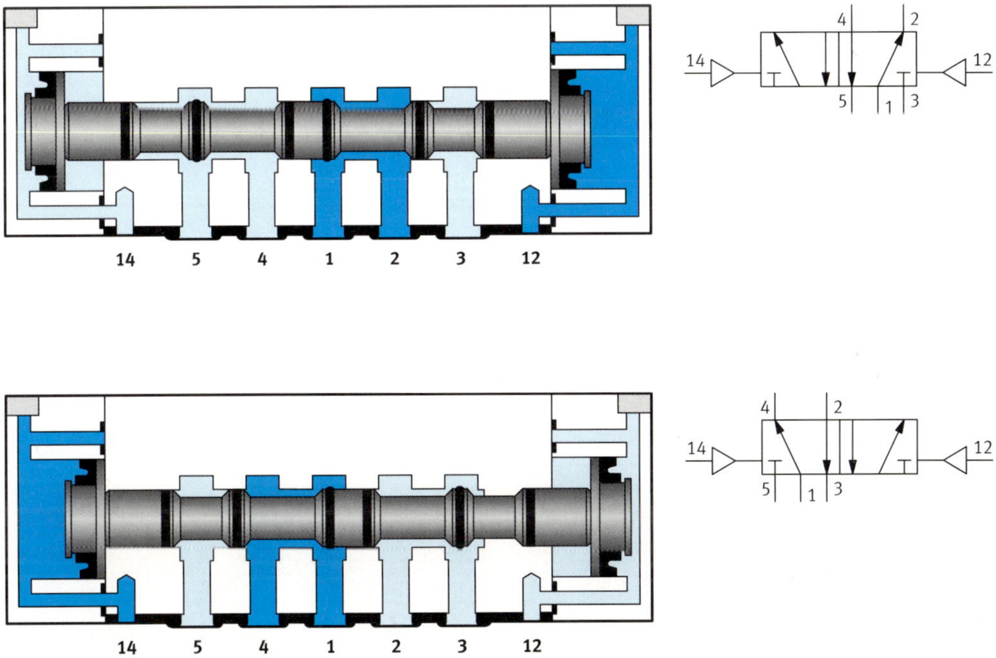

Bild 5.18: 5/2-Wege-Pneumatikimpulsventil, Längsschieberprinzip

Eine weitere Dichtungsmethode ist die Verwendung von Tellersitzdichtungen mit relativ kleiner Schaltbewegung. Die Tellersitzdichtung verbindet Anschluss 1 mit 2 oder 4. Sekundärdichtungen auf dem Kolben verschließen den jeweils nicht benötigten Entlüftungsanschluss. Das abgebildete Ventil hat auf beiden Seiten eine Handhilfsbetätigung um den Kolben zu steuern.

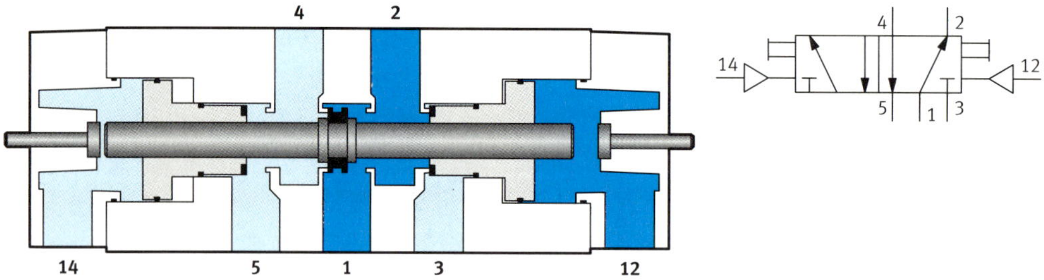

Bild 5.19: 5/2-Wege-Pneumatikimpulsventil, Durchfluss von 1 nach 2

Das beidseitig druckluftbetätigte 5/2-Wege-Impulsventil hat speichernde Funktion. Das Ventil wird durch wechselseitige pneumatische Signale auf Anschluss 14 oder 12 umgesteuert. Die Schaltstellung bleibt nach Wegnahme des Signals solange erhalten, bis ein Gegensignal erfolgt.

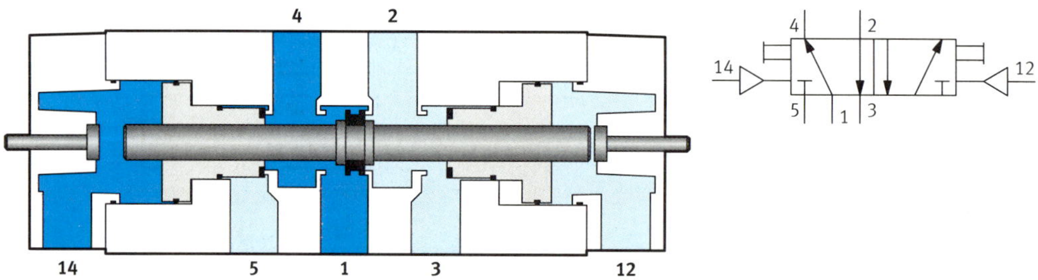

Bild 5.20: 5/2-Wege-Pneumatikimpulsventil, Durchfluss von 1 nach 4

5.6.3 Vorgesteuertes 5/2-Wege-Magnetventil

Bild 5.21 und Bild 5.22 zeigen die beiden Schaltstellungen eines vorgesteuerten 5/2-Wege-Magnetventils.

- In der Ruhestellung befindet sich der Kolben am linken Anschlag (Bild 5.21). Die Anschlüsse 1 und 2 sowie die Anschlüsse 4 und 5 sind verbunden.
- Fließt Strom durch die Magnetspule, bewegt sich der Ventilkolben bis zum rechten Anschlag (Bild 5.22). In dieser Stellung sind die Anschlüsse 1 und 4 sowie 2 und 3 verbunden.
- Wird die Magnetspule stromlos, schaltet der Ventilkolben zurück in die Ruhestellung. Die Ruhestellung erfolgt durch eine mechanische Feder und einer Luftfeder.
- Durch den Anschluss 84 wird die Steuerluft entlüftet.

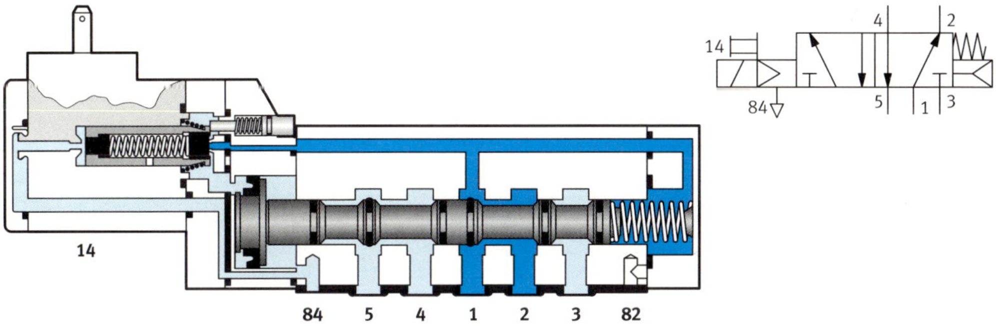

Bild 5.21: Vorgesteuertes 5/2-Wege-Magnetventil, unbetätigt

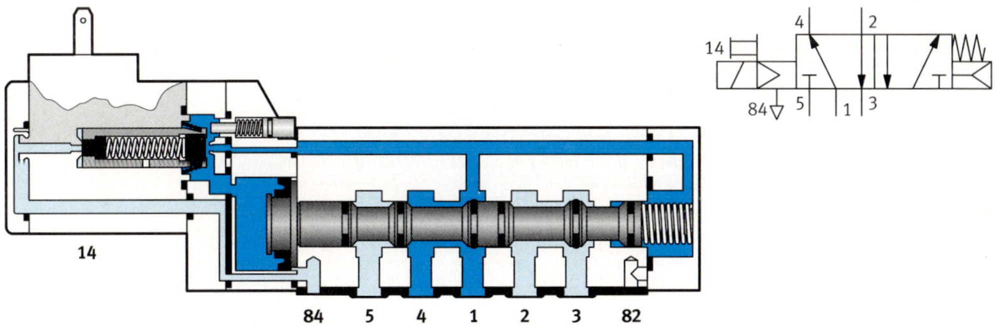

Bild 5.22: Vorgesteuertes 5/2-Wege-Magnetventil, betätigt

5.6.4 Vorgesteuertes 5/2-Wege-Magnetimpulsventil

Bild 5.23 und Bild 5.24 zeigen zwei Schnittdbilder eines vorgesteuerten 5/2-Wege-Magnetimpulsventils.

- Befindet sich der Kolben am linken Anschlag, sind die Anschlüsse 1 und 2 sowie 4 und 5 verbunden (Bild 5.23).
- Fließt Strom durch die linke Magnetspule, bewegt sich der Kolben zum rechten Anschlag, und die Anschlüsse 1 und 4 sowie 2 und 3 werden verbunden (Bild 5.24).
- Soll das Ventil in die Ausgangsstellung zurückschalten, genügt es nicht, den Stromkreis zur linken Magnetspule zu unterbrechen. Vielmehr muss zusätzlich der Stromkreis der rechten Magnetspule geschlossen werden.

Wird keine der beiden Magnetspulen betätigt, so verharrt der Kolben durch die Reibung in seiner zuletzt eingenommenen Stellung. Dies gilt auch, wenn Stromkreise der beiden Magnetspulen zeitgleich geschlossen werden, da sie dann mit gleicher Kraft gegeneinander wirken.

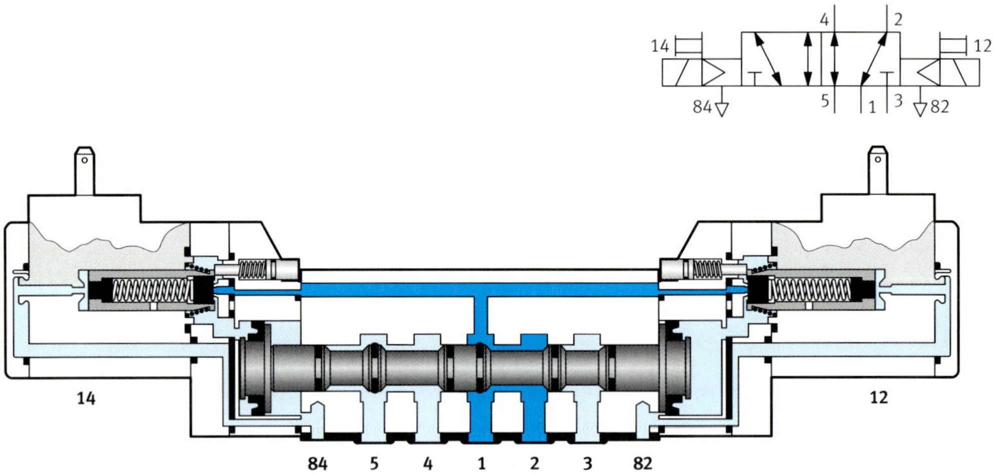

Bild 5.23: Vorgesteuertes 5/2-Wege-Magnetimpulsventil, Durchfluss von 1 nach 2 und 4 nach 5

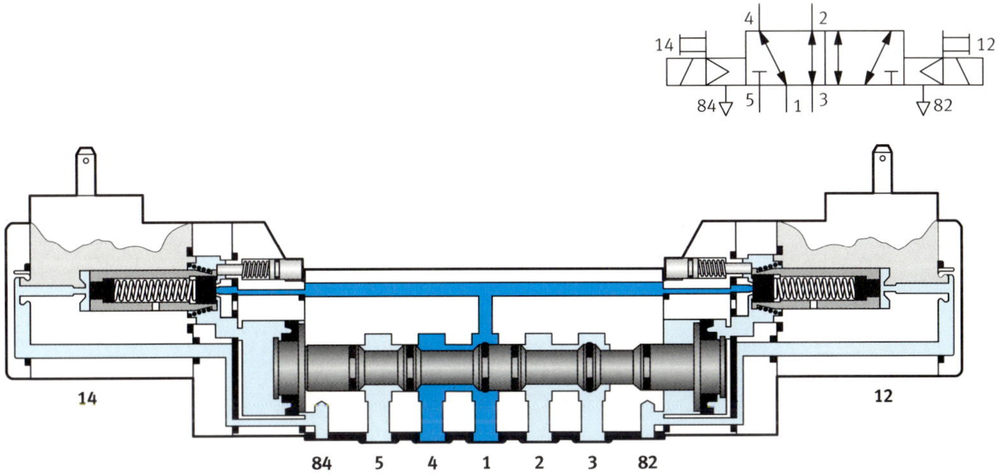

Bild 5.24: Vorgesteuertes 5/2-Wege-Magnetimpulsventil, Durchfluss von 1 nach 4 und 2 nach 3

5.7 5/3-Wege-Pneumatikventile

Das 5/3-Wegeventil hat fünf Arbeitsanschlüsse und drei Schaltstellungen. Mit diesen Ventilen können doppeltwirkende Zylinder innerhalb des Hubbereiches stillgesetzt werden. Steht an beiden Steueranschlüssen kein Signal an, wird das Ventil federzentriert in Mittelstellung gehalten.

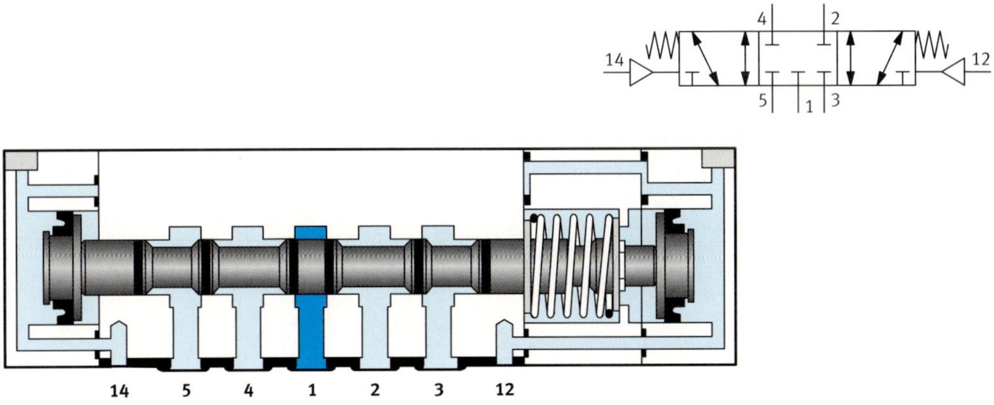

Bild 5.25: 5/3-Wege-Pneumatikventil, Mittelstellung gesperrt

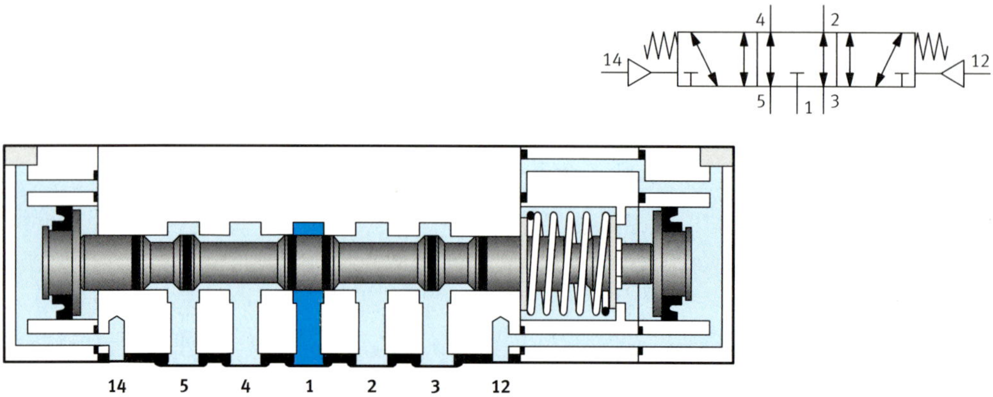

Bild 5.26: 5/3-Wege-Pneumatikventil, Mittelstellung entlüftet

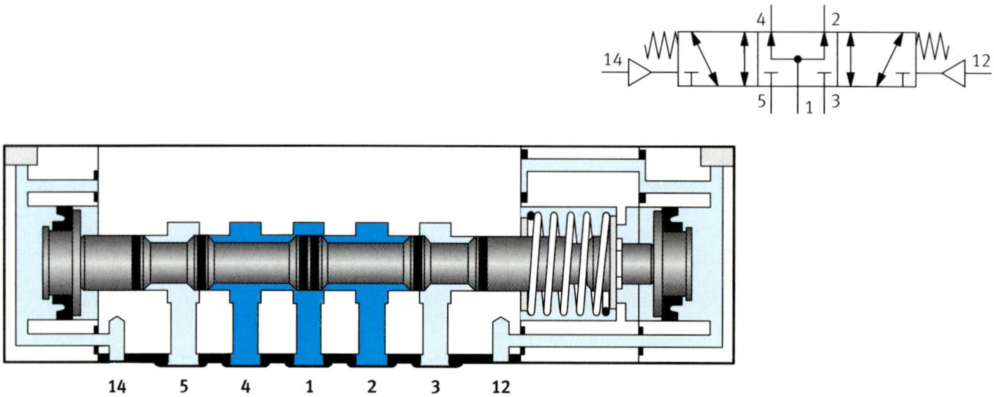

Bild 5.27: 5/3-Wege-Pneumatikventil, Mittelstellung belüftet

5.7.1 Vorgesteuertes 5/3-Wege-Magnetventil mit gesperrter Mittelstellung

Bild 5.28, Bild 5.29 und Bild 5.30 stellen die drei Schaltstellungen eines elektrisch betätigten, vorgesteuerten 5/3-Wegeventils dar.

- In der Ruhestellung sind die Magnetspulen stromlos, der Kolben wird durch die beiden Federn in seiner Mittelstellung zentriert (Bild 5.28). Die Anschlüsse 1, 2, 3, 4 und 5 sind gesperrt.
- Fließt Strom durch die linke Magnetspule, bewegt sich der Kolben bis zu seinem rechten Anschlag (Bild 5.29). Die Anschlüsse 1 und 4 bzw. 2 und 3 werden miteinander verbunden.

- Fließt Strom durch die rechte Magnetspule, so bewegt sich der Kolben bis zum linken Anschlag (Bild 5.30). In dieser Stellung werden die Anschlüsse 1 und 2 sowie 4 und 5 verbunden.
- Jede der beiden betätigten Schaltstellungen wird so lange gehalten, wie die zugehörige Magnetspule von Strom durchflossen ist. Wird der Stromfluss unterbrochen, schaltet der Kolben in die Mittelstellung.

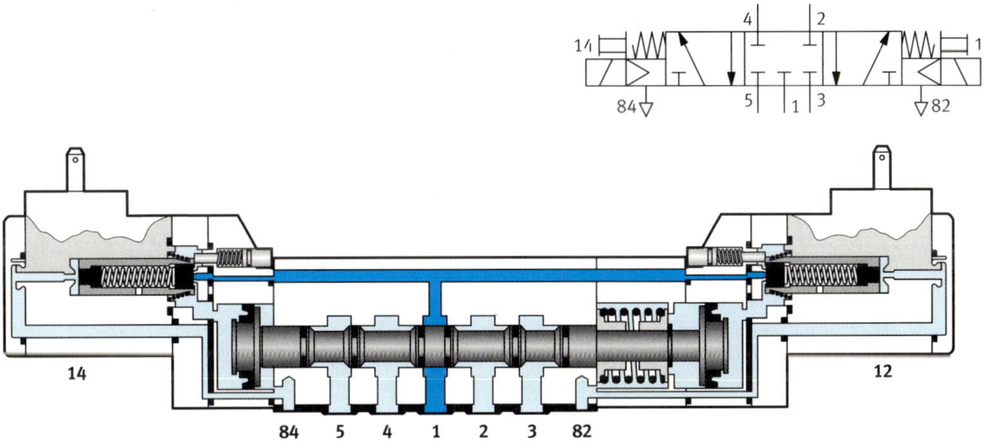

Bild 5.28: Vorgesteuertes 5/3-Wege-Magnetventil, Mittelstellung gesperrt

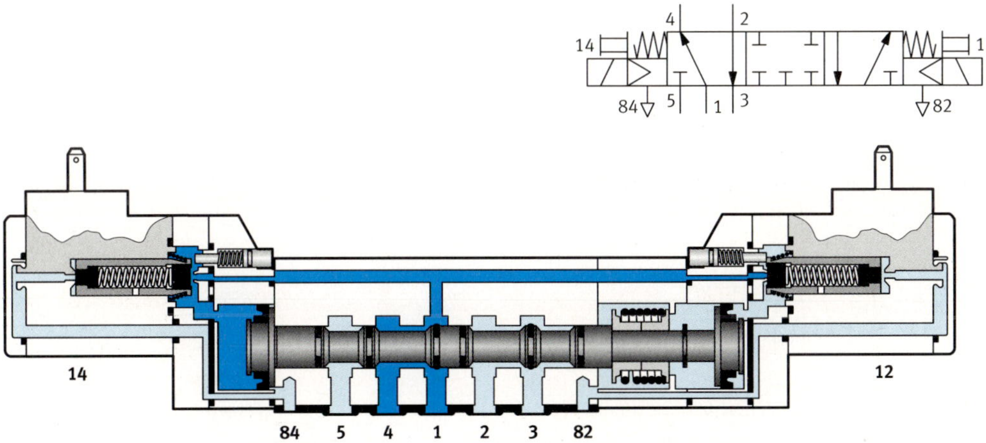

Bild 5.29: Vorgesteuertes 5/3-Wege-Magnetventil, Durchfluss von 1 nach 4 und von 2 nach 3

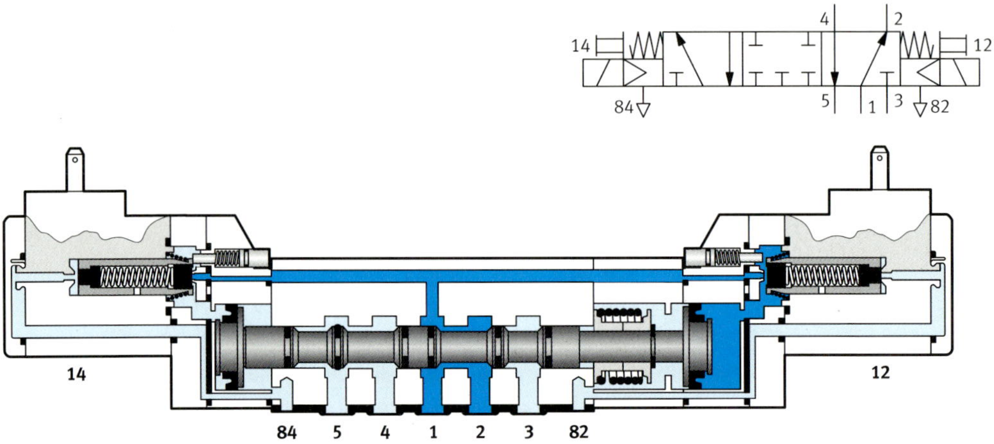

Bild 5.30: Vorgesteuertes 5/3-Wege-Magnetventil, Durchfluss von 1 nach 2 und von 4 nach 5

5.7.2 Einfluss der Mittelstellung

Wegeventile mit zwei Schaltstellungen (z. B. 3/2- oder 5/2-Wegeventile) ermöglichen das Aus- bzw. Einfahren eines Zylinders. Wegeventile mit drei Schaltstellungen (z. B. 5/3-Wegeventile) bieten durch die zusätzliche Mittelstellung erweiterte Möglichkeiten bei der Zylinderbetätigung. Dies soll am Beispiel von drei 5/3-Wegeventilen mit unterschiedlichen Mittelstellungen verdeutlicht werden. Betrachtet wird das Verhalten des Zylinderantriebs, wenn das Wegeventil in die Mittelstellung schaltet.

- Wird ein 5/3-Wegeventil eingesetzt, bei dem die Verbraucheranschlüsse entlüftet werden, übt der Kolben des Zylinderantriebs keinerlei Kraft auf die Kolbenstange aus. Die Kolbenstange ist frei beweglich (Bild 5.31).

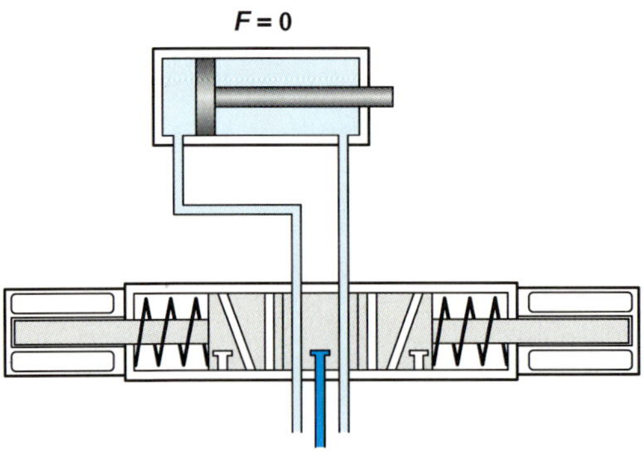

Bild 5.31: 5/3-Wege-Magnetventil, Mittelstellung entlüftet: die Kolbenstange ist frei beweglich

- Bei einem 5/3-Wegeventil, das alle Anschlüsse absperrt, bleibt die Kolbenstange stehen. Dies gilt auch, wenn sich die Kolbenstange nicht am Anschlag befindet (Bild 5.32).

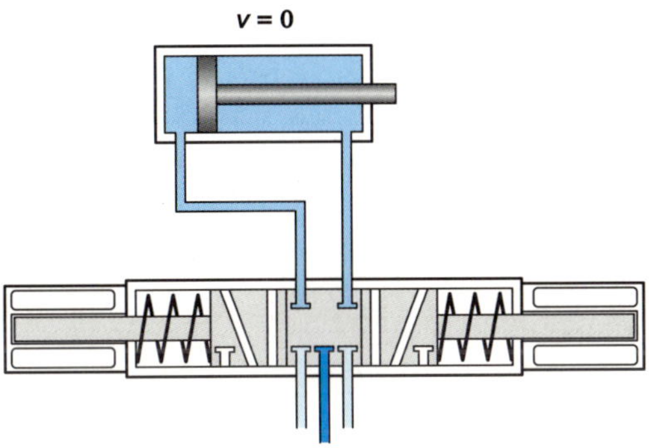

Bild 5.32: 5/3-Wege-Magnetventil, Mittelstellung gesperrt: die Kolbenstange ist zwischen zwei Luftpolstern fixiert

- Bei Verwendung eines 5/3-Wegeventils, bei dem die Verbraucheranschlüsse belüftet werden, fährt die Kolbenstange mit verminderter Kraft aus (Bild 5.33).

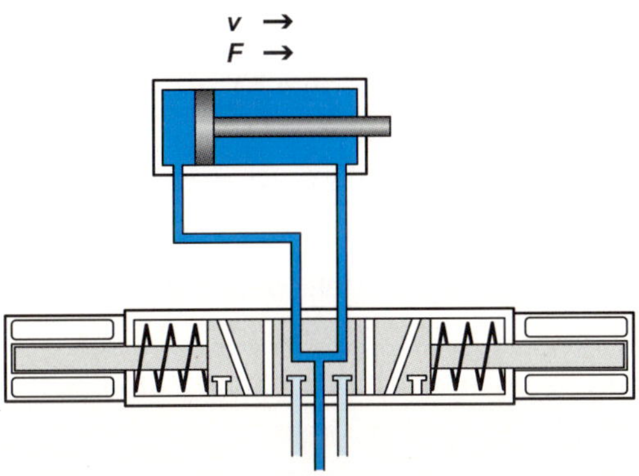

Bild 5.33: 5/3-Wege-Magnetventil, Mittelstellung belüftet: die Kolbenstange fährt mit verminderter Kraft aus

5.8 Durchflusswerte von Ventilen

Druckverlust und Luftdurchsatz bei Wegeventilen sind wichtige Angaben für den Anwender. Die Ventilauswahl hängt ab von:

- Volumen und Geschwindigkeit des Zylinders
- verlangter Schalthäufigkeit
- zulässigem Druckabfall

Wegeventile werden mit ihrem Nenndurchfluss gekennzeichnet. Bei der Berechnung von Durchflusswerten müssen verschiedene Faktoren berücksichtigt werden. Diese Faktoren sind:

p_1 Druck an der Ventil-Eingangsseite (kPa oder bar)
p_2 Druck an der Ventil-Ausgangsseite (kPa oder bar)
Δp Druckdifferenz ($p_1 - p_2$) (kPa oder bar)
T_1 Temperatur (K)
q_n Nenndurchfluss (l/min)

Das Ventil wird bei der Messung in einer Richtung mit Luft durchströmt. Der Eingangsdruck und der Ausgangsdruck werden gemessen. Mit einem Mengenmesser wird der Durchfluss der Luft gemessen.

Angaben zu den Nenndurchflusswerten können den Herstellerkatalogen entnommen werden.

5.9 Zuverlässiger Betrieb von Ventilen

5.9.1 Montieren von Rollenhebelventilen

Die Zuverlässigkeit einer Steuerung hängt in entscheidendem Maße von dem ordnungsgemäßen Anbringen der Grenztaster ab. Die Grenztaster müssen so konstruiert sein, dass ein einfaches Einstellen und Anpassen jederzeit möglich ist. Dies ist wichtig, um die präzise Koordination der Zylinderbewegungen innerhalb einer Steuerung zu gewährleisten.

5.9.2 Einbau der Ventile

Neben der sorgfältigen Auswahl der Ventile ist der korrekte Einbau eine wichtige Voraussetzung für zuverlässige Schalteigenschaften, störungsfreien Betrieb und den leichten Zugang bei Reparatur- und Wartungsarbeiten. Dies gilt für Ventile im Leistungsteil ebenso wie für solche im Steuerteil.

Wartungsarbeiten und Reparaturen werden erleichtert durch:

- Nummerieren der Komponenten
- Einbau von optischen Anzeigen
- Vollständige Dokumentation

Muskelkraftbetätigte Ventile für die Signaleingabe sind im Allgemeinen an der Steuertafel oder am Steuerpult angebracht. Es ist daher praktisch und zweckdienlich, Ventile mit Betätigungselementen auszusuchen, die direkt an das Basiselement anzuschließen sind. Für die breite Palette von Eingabefunktionen stehen eine Reihe von verschiedenen Betätigungsarten zur Auswahl.

Ventile als Stellelemente steuern den Ablauf pneumatischer Arbeitselemente. Sie müssen so konstruiert sein, dass sie eine möglichst schnelle Reaktion der Antriebe auslösen. Das Ventil sollte deshalb so nah wie möglich am Arbeitselement installiert werden, um die Leitungslängen und Schaltzeiten so kurz wie möglich zu halten. Im Idealfall sollte das Ventil direkt am Arbeitselement angeschlossen sein. Dies verringert auch den Bedarf an Rohrmaterial und die Montagezeit.

6 Sperr-, Strom- und Druckventile, Ventilkombinationen

6.1 Sperrventile

Sperrventile sperren den Durchfluss in einer Richtung und geben ihn in der Gegenrichtung frei. Der Druck auf der Abflussseite belastet das sperrende Teil und unterstützt somit die Dichtwirkung des Ventils.

6.1.1 Rückschlagventile

Rückschlagventile können den Durchfluss in einer Richtung vollständig sperren, in entgegengesetzter Richtung strömt die Luft mit möglichst geringem Druckverlust durch. Die Absperrung der einen Richtung kann durch Kegel, Kugel, Platte oder Membran erfolgen.

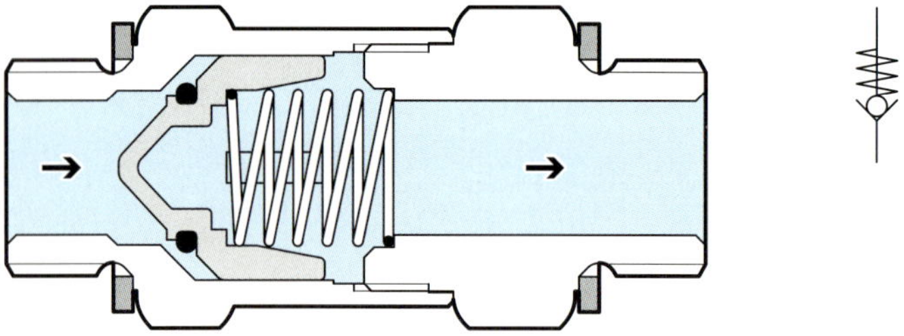

Bild 6.1: Rückschlagventil – Symbol und Schnittbild

6.1.2 Verarbeitungselemente

Elemente mit den Eigenschaften eines Rückschlagventils können als Verarbeitungselemente zwischen zwei Signalwegen zur Steuerung der Signale eingesetzt werden. Die beiden Ventile, die als Verarbeitungselemente bezeichnet werden, werden für die logische Verarbeitung von zwei Eingangssignalen und die Weitergabe des daraus resultierenden Signals eingesetzt. Das Zweidruckventil erzeugt nur dann ein Signal, wenn an beiden Eingängen ein Signal anliegt (UND-Funktion), das Wechselventil gibt ein Signal weiter, wenn an mindestens einem Eingang ein Signal anliegt (ODER-Funktion).

6.1.3 Zweidruckventil: Logische UND-Funktion

Das Zweidruckventil hat zwei Eingänge 1 und einen Ausgang 2. Der Durchfluss ist nur dann gegeben, wenn beide Eingangssignale vorliegen. Ein Eingangssignal an einem der beiden Eingänge sperrt den Durchfluss aufgrund der Differenzkräfte am Kolbenschieber.

Bei zeitlichen Unterschieden der Eingangssignale und bei gleichem Eingangsdruck gelangt das zuletzt angekommene Signal zum Ausgang. Bei Druckunterschieden der Eingangssignale schließt der größere Druck das Ventil, und der kleinere Luftdruck gelangt zum Ausgang 2. Das Zweidruckventil wird hauptsächlich bei Verriegelungssteuerungen, Kontrollfunktionen bzw. logischen UND-Verknüpfungen verwendet.

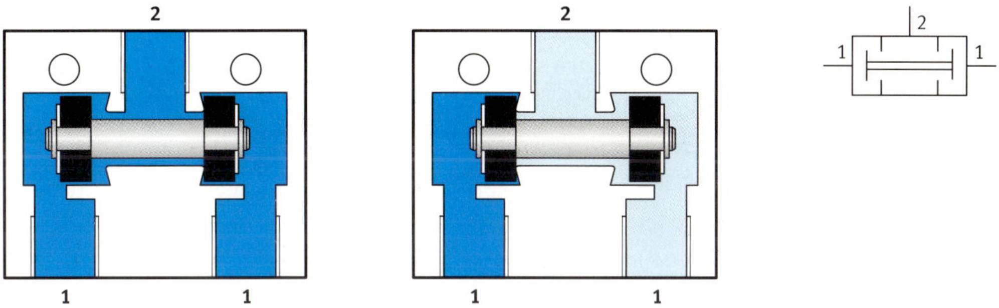

Bild 6.2: Zweidruckventil: UND-Funktion

6.1.4 Wechselventil: Logische ODER-Funktion

Dieses Sperrventil besitzt zwei Eingänge 1 und einen Ausgang 2. Wird der linke Eingang 1 mit Druckluft beaufschlagt, so dichtet der Kolben den rechten Eingang 1 ab, die Luft strömt vom linken Eingang 1 nach 2. Gelangt die Luft vom rechten Eingang 1 nach 2, so wird der linke Eingang abgesperrt. Bei Rückströmung der Luft, wenn das nachgeschaltete Ventil entlüftet wird, bleibt der Kolben durch die Druckverhältnisse in der vorher eingenommenen Lage. Dieses Ventil wird auch als ODER-Glied bezeichnet. Soll ein Zylinder oder ein Stellelement von zwei oder mehreren Stellen betätigt werden, so müssen immer ein oder mehrere Wechselventile eingesetzt werden

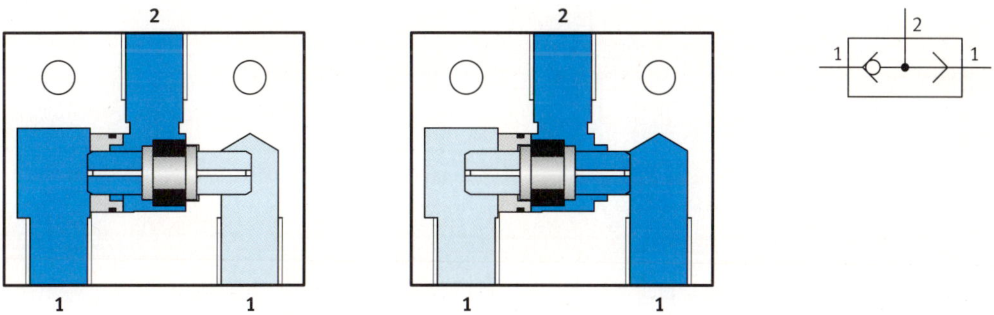

Bild 6.3: Wechselventil: ODER-Funktion

6.1.5 Schnellentlüftungsventil

Schnellentlüftungsventile dienen zur Erhöhung der Kolbengeschwindigkeiten bei Zylindern. Lange Rücklaufzeiten, vor allem bei einfachwirkenden Zylindern, werden dadurch verkürzt. Die Kolbenstange kann mit fast voller Geschwindigkeit einfahren, weil der Durchflusswiderstand der Abluft während der Einfahrbewegung über das Schnellentlüftungsventil reduziert wird. Die Luft wird über eine relativ große Auslassöffnung abgeführt. Das Ventil besitzt einen absperrbaren Druckanschluss 1, eine absperrbare Entlüftung 3 und einen Ausgang 2.

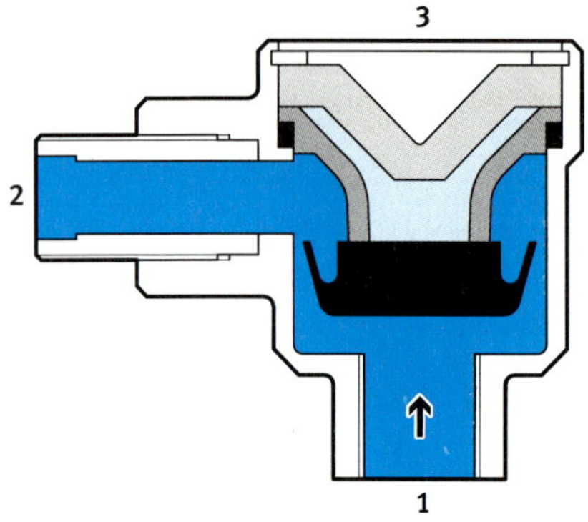

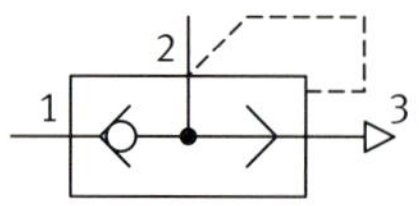

Bild 6.4: Schnellentlüftungsventil, Durchfluss von 1 nach 2

Steht am Anschluss 1 Druck an, so wird die Abdichtscheibe die Entlüftung 3 abdecken. Dadurch gelangt die Druckluft von 1 nach 2. Herrscht bei 1 kein Druck mehr, so wird die Luft, von 2 kommend, die Abdichtscheibe gegen den Anschluss 1 bewegen und schließen. Die Abluft kann sofort ins Freie strömen. Sie muss keinen langen und vielleicht engen Weg über die Anschlussleitungen zum Wegeventil nehmen. Am zweckmäßigsten ist es, das Schnellentlüftungsventil direkt oder so nah wie möglich an den Zylinder zu bauen.

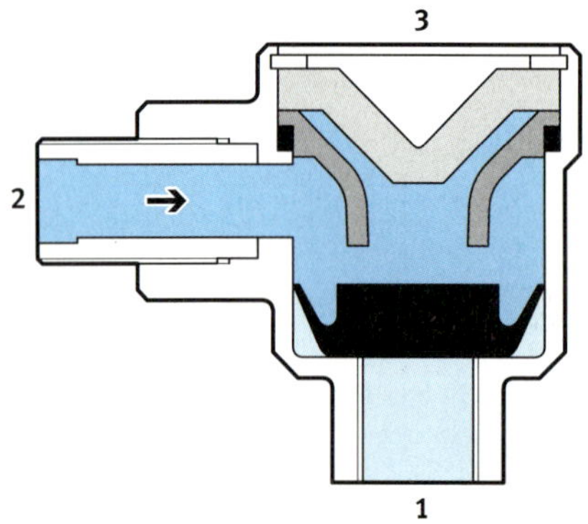

Bild 6.5: Schnellentlüftungsventil, Entlüftung von 2 nach 3

6.1.6 Absperrventile

Als Absperrventile werden Ventile bezeichnet, die den Durchfluss in beide Richtungen stufenlos freigeben oder absperren. Typische Vertreter sind der Absperrhahn und der Kugelhahn.

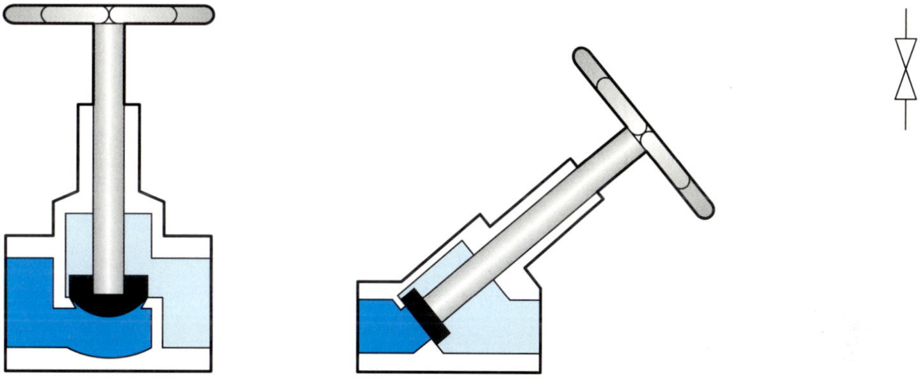

Bild 6.6: Absperrhähne – Symbol und Schnittbilder

6.2 Stromventile

Stromventile beeinflussen den Volumenstrom der Druckluft in beide Richtungen. Das Drosselventil ist ein Stromventil.

6.2.1 Drosselventile

Drosselventile sind in der Regel einstellbar. Die Einstellung kann fixiert werden. Drosselventile werden zur Geschwindigkeitsregulierung von Zylindern eingesetzt. Es ist darauf zu achten, dass das Drosselventil nie ganz geschlossen ist.

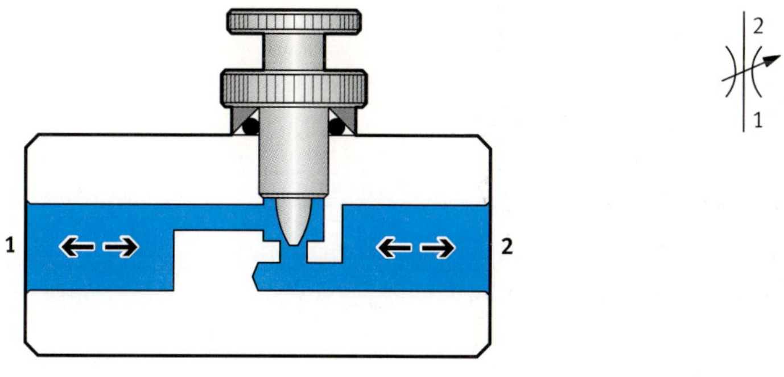

Bild 6.7: Drosselventil – Symbol und Schnittbild

Konstruktionseigenschaften von Drosselventilen:

- Drosselventil
  Die Länge der Drossel ist größer als ihr Durchmesser.
- Blendenventil
  Die Länge der Drossel ist kleiner als ihr Durchmesser.

6.2.2 Drossel-Rückschlagventile

Beim Drossel-Rückschlagventil wirkt die Drosselung der Luft nur in eine Richtung. Das Rückschlagventil schließt den Durchfluss der Luft in eine Richtung ab, und die Luft kann nur über den eingestellten Querschnitt strömen. In Gegenrichtung hat die Luft freien Durchgang über das geöffnete Rückschlagventil. Diese Ventile kommen zur Geschwindigkeitsregulierung von Pneumatikzylindern zum Einsatz. Sie sollten möglichst direkt an den Zylinder gebaut werden.

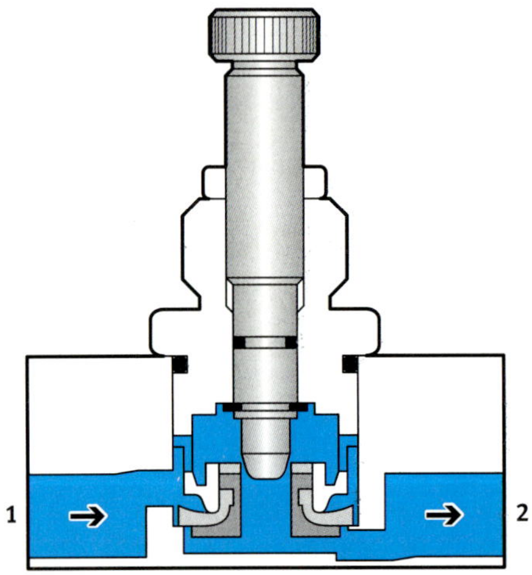

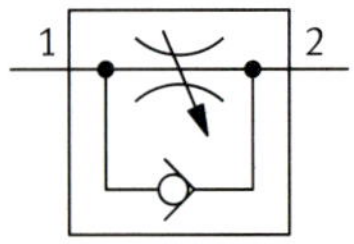

Bild 6.8: Drossel-Rückschlagventil – Symbol und Schnittbild

Grundsätzlich gibt es zwei Arten der Drosselung bei doppeltwirkenden Zylindern:

- Zuluftdrosselung
- Abluftdrosselung

6.2.3 Zuluftdrosselung

Bei der Zuluftdrosselung sind die Drossel-Rückschlagventile so eingebaut, dass die Luft zum Zylinder gedrosselt wird. Die Abluft kann über das Rückschlagventil auf der Abflussseite frei entweichen. Bei kleinsten Lastschwankungen an der Kolbenstange, wie z. B. beim Überfahren eines Endschalters, ergeben sich sehr große Ungleichmäßigkeiten der Vorschubgeschwindigkeit.

Eine Last in Bewegungsrichtung des Zylinders beschleunigt den Zylinder über den eingestellten Wert. Deshalb wird die Zuluftdrosselung bei einfachwirkenden und kleinvolumigen Zylindern angewandt.

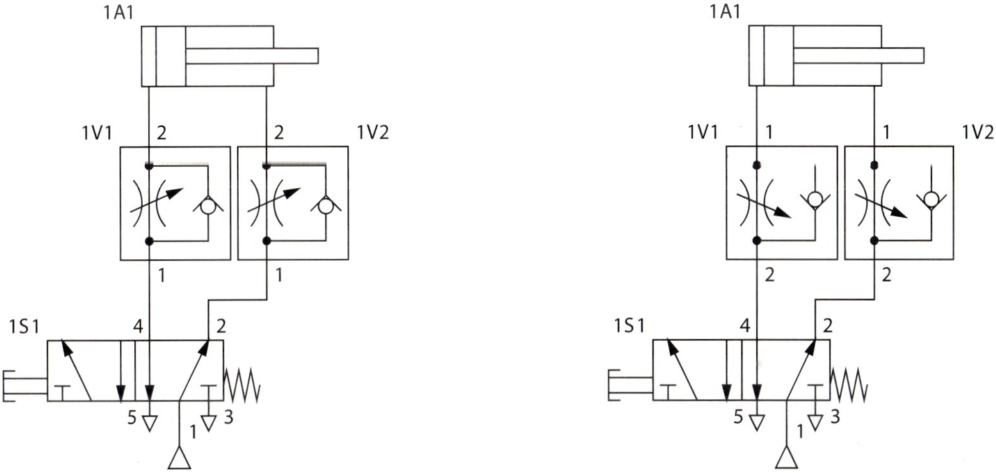

Bild 6.9: links: Zuluftdrosselung, rechts: Abluftdrosselung

6.2.4 Abluftdrosselung

Bei der Abluftdrosselung strömt die Zuluft frei zum Zylinder, und die Drossel in der Abflussleitung setzt der abströmenden Luft einen Widerstand entgegen. Der Kolben ist zwischen zwei Luftpolster eingespannt, die sich durch den Druck der Zuluft und durch den Widerstand der Drossel für die Abluft aufbauen. Diese Anordnung der Drossel-Rückschlagventile trägt wesentlich zur Verbesserung des Vorschubverhaltens bei. Bei doppeltwirkenden Zylindern sollte man die Abluftdrosselung verwenden. Bei Kleinzylindern ist wegen der geringen Luftmenge eine Zu- und Abluftdrosselung zu wählen.

6.3 Druckventile

Druckventile sind Elemente, die vorwiegend den Druck beeinflussen bzw. durch die Größe des Druckes gesteuert werden. Man unterscheidet die drei folgenden Gruppen:

- Druckregelventil
- Druckbegrenzungsventil
- Druckschaltventil

6.3.1 Druckregelventil

Das Druckregelventil dient der Aufrechterhaltung eines konstanten Druckes auch bei schwankendem Netzdruck. Der minimale Eingangsdruck muss größer sein als der Ausgangsdruck.

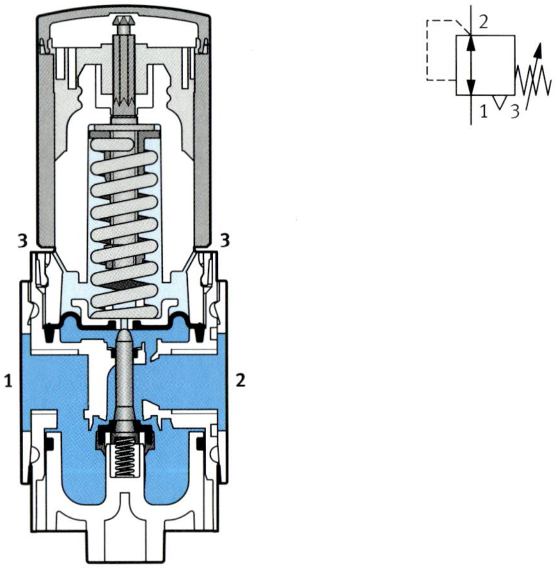

Bild 6.10: Druckregelventil – Symbol und Schnittbild

6.3.2 Druckbegrenzungsventil

Diese Ventile werden hauptsächlich als Sicherheitsventile (Überdruckventile) eingesetzt. Sie verhindern, dass der maximal zulässige Druck in einem System überschritten wird. Ist der maximale Druckwert am Ventileingang erreicht, wird der Ausgang des Ventils geöffnet, und die Luft bläst ins Freie. Das Ventil bleibt so lange offen, bis es durch die eingebaute Feder nach Erreichen des eingestellten Druckes in Abhängigkeit der Federkennlinie geschlossen wird.

6.3.3 Druckschaltventil

Dieses Ventil arbeitet nach demselben Prinzip wie das Druckbegrenzungsventil. Das Ventil öffnet, wenn der an der Feder eingestellte Druck überschritten wird.

Der Durchfluss von 1 nach 2 ist gesperrt. Der Ausgang 2 wird erst dann geöffnet, wenn sich an der Steuerleitung 12 der voreingestellte Druck aufgebaut hat. Ein Steuerkolben öffnet den Durchgang 1 nach 2.

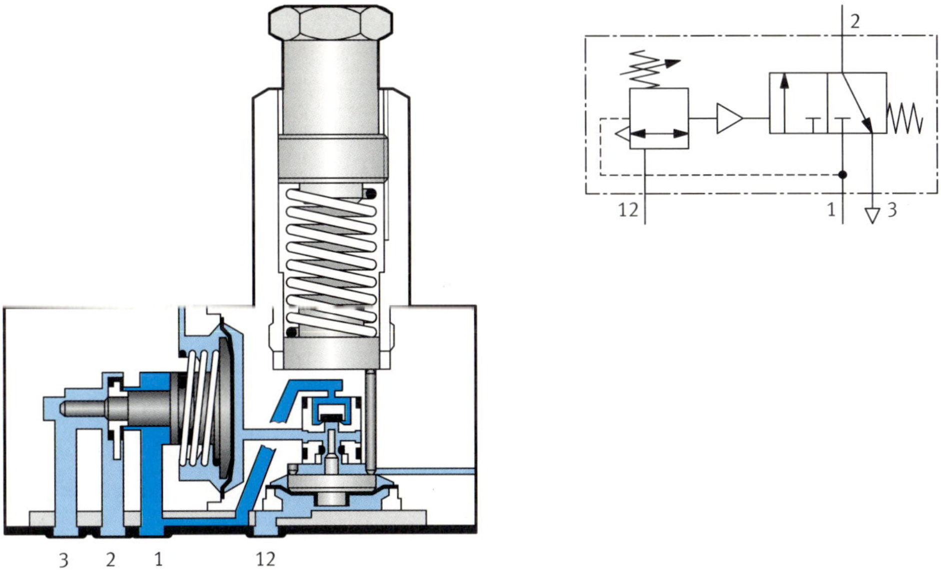

Bild 6.11: Druckschaltventil, einstellbar – Symbol und Schnittbild

Die Druckschaltventile werden in pneumatischen Steuerungen eingebaut, wenn ein bestimmter Druck für einen Schaltvorgang nötig ist (druckabhängige Steuerungen).

6.4 Ventilkombinationen

Ventile aus verschiedenen Ventilgruppen können zu einer Baueinheit zusammengesetzt werden. Die Eigenschaften und Konstruktionsmerkmale dieser Baueinheiten ergeben sich aus den verwendeten Ventilen, man nennt sie auch Kombinationsventile. Die jeweiligen Bildzeichen setzen sich aus den Bildzeichen der einzelnen Bauteile zusammen. Folgende Einheiten gehören zur Gruppe der Kombinationsventile:

- Verzögerungsventil: Verzögerung der Signalweitergabe
- Luftsteuerblock: Ausführung von Einzel- und Oszillationsbewegungen bei doppeltwirkendem Zylinder

- 5/4-Wegeventil: Anhalten von doppeltwirkenden Zylindern in jeder beliebigen Stellung
- Luftbetätigtes 8-Wegeventil: Steuerung von Taktvorschubgeräten
- Taktgeber: Ausführung von schnellen Zylinderbewegungen
- Saugkopf mit Auswerfer: Greifen und Auswerfen von Teilen
- Taktstufenbaustein: für Folgesteuerungsaufgaben
- Befehlsspeicher-Bausteine: für Start mit Signaleingabebedingungen

6.4.1 Verzögerungsventile

Das Verzögerungsventil besteht aus einem pneumatisch betätigten 3/2-Wegeventil, einem Drossel-Rückschlagventil und einem kleinen Luftbehälter. Das 3/2-Wegeventil kann Sperr-Ruhestellung oder Durchfluss-Ruhestellung haben. Die Verzögerungszeit beträgt normal 0 bis 30 Sekunden bei beiden Arten von Ventilen.

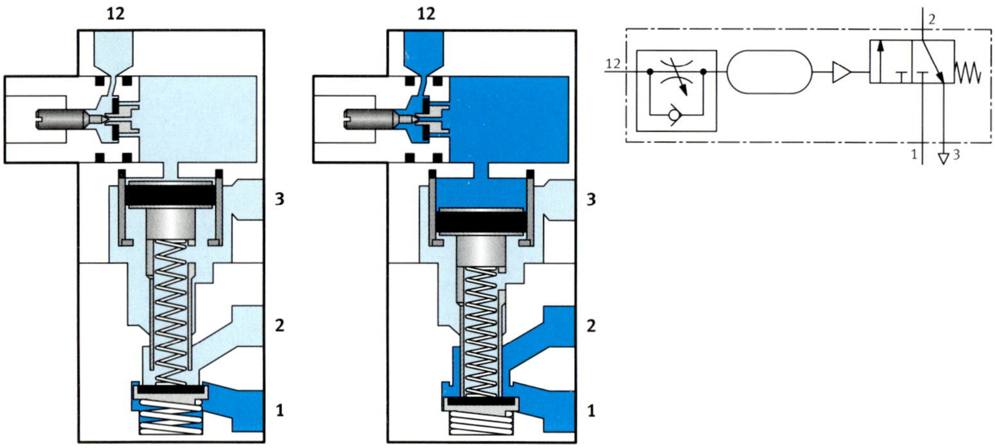

Bild 6.12: Verzögerungsventil in Sperr-Ruhestellung; links: unbetätigt, rechts: betätigt

Durch zusätzliche Luftbehälter kann die Zeit verlängert werden. Bei sauberer Luft und konstantem Druck wird ein genauer Schaltzeitpunkt erreicht.

Funktionsprinzip

Folgendes Funktionsprinzip gilt für ein Verzögerungsventil mit einem 3/2-Wegeventil in Sperr-Ruhestellung:

Die Druckluft wird beim Anschluss 1 dem Ventil zugeführt. Die Steuerluft strömt beim Eingang 12 ins Ventil und durchströmt das Drossel-Rückschlagventil. Je nach Einstellung der Drosselschraube strömt mehr oder weniger Luft pro Zeiteinheit in den angebauten Luftbehälter. Hat sich der notwendige Steuerdruck im Luftbehälter aufgebaut, wird der Steuerkolben des 3/2-Wegeventils nach unten bewegt, und er sperrt den Durchgang von 2 nach 3 ab. Der Ventilteller wird vom Sitz abgehoben, und die Luft kann von 1 nach 2 strömen. Die Zeit des Druckaufbaus im Luftbehälter bestimmt den Schaltzeitpunkt.

Soll das Verzögerungsventil seine Ausgangslage wieder einnehmen, so muss die Steuerleitung 12 entlüftet werden. Die Luft strömt aus dem Luftbehälter über das Drossel-Rückschlagventil und die Entlüftungsleitung des Signalventils ins Freie. Die Rückstellfeder im Ventil bringt den Steuerkolben und den Ventilteller in die Ausgangslage zurück. Die Arbeitsleitung 2 entlüftet nach 3, 1 wird abgesperrt.

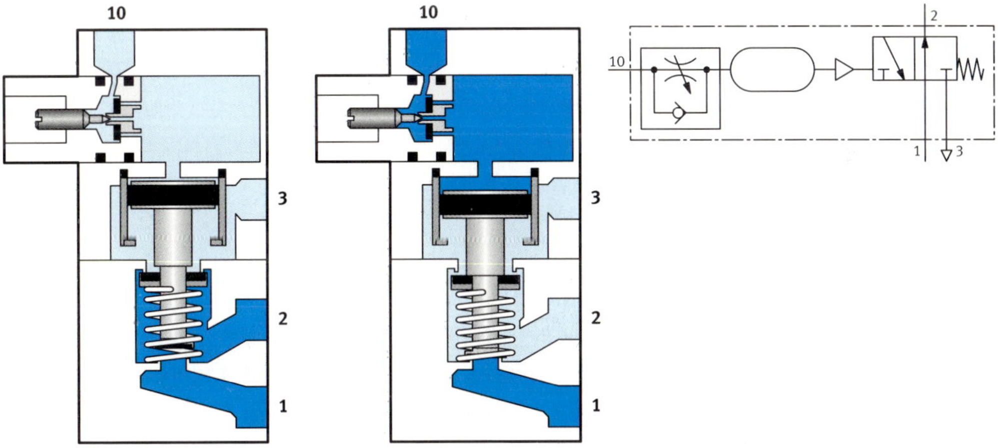

Bild 6.13: Verzögerungsventil in Durchfluss-Ruhestellung; links: unbetätigt, rechts: betätigt

Ist ein 3/2-Wegeventil in Durchfluss-Ruhestellung eingebaut, so liegt am Ausgang 2 in der Ausgangsstellung ein Signal an. Wird das Ventil über das Signal am Eingang 10 geschaltet, so entlüftet die Arbeitsleitung 2 nach 3 und 1 wird gesperrt. Dies bewirkt, dass das Ausgangssignal nach der eingestellten Zeit gelöscht wird.

Die Verzögerungszeit entspricht wieder dem Druckaufbau im Luftbehälter. Wird die Luft am Anschluss 10 weggenommen, so nimmt das 3/2-Wegeventil wieder die Ruhestellung ein.

7 Ventilinseltechnik

Die Weiterentwicklung der elektrisch betätigten Wegeventile betrifft separat montierte Einzelventile sowie Ventilkombinationen, z. B. Ventilblöcke oder Ventilinseln.

Einen Ventilblock, bei dem zusätzlich die elektrischen Zuleitungen zusammengefasst sind (durch Multipol-, Feldbus- oder AS-Interface-Anschluss), bezeichnet man als Ventilinsel.

7.1 Maßnahmen zur Optimierung von Einzelventilen

Die Weiterentwicklung von Einzelventilen hat zum Ziel, Baugröße und Gewicht zu minimieren, die Schaltzeiten zu verkürzen und die elektrische Leistungsaufnahme zu verringern. Dies wird durch folgende Maßnahmen erreicht:

- Die Magnetspulen erhalten eine veränderte Wicklung mit reduzierter Induktivität. Dadurch steigt beim Betätigen der Strom durch die Spule schneller an, und die Kraft zum Schalten der Vorstufe wird schneller aufgebaut. Nach dem Umschalten wird der Strom durch die Magnetspule elektronisch so weit verringert, dass die Vorstufe gegen die Kraft der Rückstellfeder gerade noch in der betätigten Stellung gehalten wird. Dadurch wird in dieser Phase die elektrische Leistungsaufnahme deutlich reduziert. Da die Haltephase wesentlich länger dauert als die Umschaltphase, wird zum Betrieb der Spule insgesamt erheblich weniger elektrische Energie benötigt.
- Die Wegeventile werden bezüglich Totvolumen, Betätigungskraft und bewegten Massen optimiert. Dadurch wird ein schnelles Schalten des Ventils erreicht.
- Das Gehäuse wird im Inneren strömungsgünstig gestaltet, um einen hohen Durchfluss zu erzielen.
- Die Wandstärken des Gehäuses werden soweit wie möglich reduziert, um Gewicht und Abmaße zu minimieren.

7.2 Vorteile optimierter Einzelventile

Ein optimiertes elektrisch betätigtes Wegeventil weist folgende Vorteile auf:

- erhöhte Dynamik (durch kurze Schaltzeiten und hohen Durchfluss)
- verringerter Druckluftverbrauch (durch reduziertes Luftvolumen zwischen Ventil und Antrieb)
- reduzierte Kosten für das Netzteil (wegen geringerer elektrischer Leistungsaufnahme)
- verringerter Einbauraum und minimiertes Gewicht

7.3 Optimierte Ventile für Blockmontage

Die im Bild dargestellten, modular aufgebauten Ventilblöcke weisen eine besonders verlustarme Luftführung, sehr kompakte Abmessungen und ein gutes Preis-Leistungsverhältnis auf. Ein Block besteht aus:

- Wegeventilmodulen
- Modulen für den pneumatischen Anschluss
- Modulen für den elektrischen Anschluss

Bild 7.1 zeigt ein für die Blockmontage optimiertes Wegeventilmodul. Mehrere dieser Module werden zwischen zwei Abdeckplatten montiert. Die Druckluftversorgung erfolgt entweder über eine der beiden stirnseitigen Abdeckplatten (Bild 7.1) oder über ein Anschlussmodul an der Unterseite (Bild 7.2).

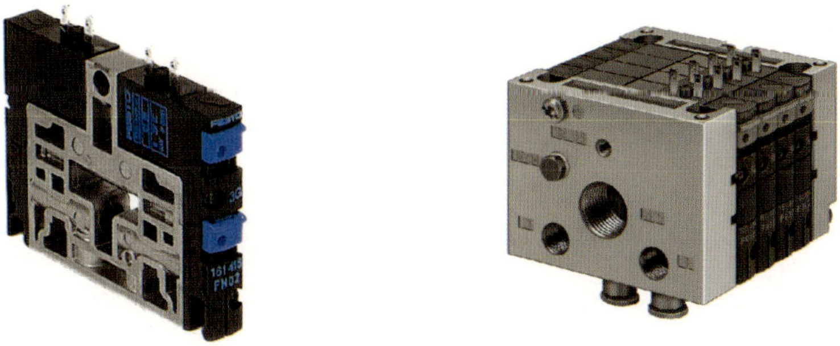

Bild 7.1: Modularer Aufbau eines Ventilblocks; links: Ventilmodul, rechts: Luftzuführung und Schalldämpfermontage an einer Stirnseite (Festo)

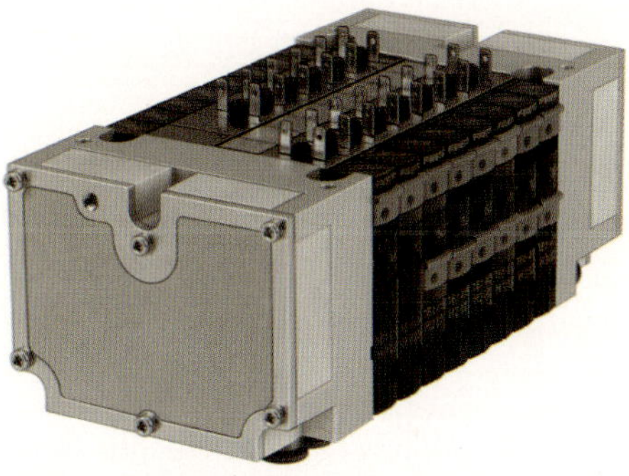

Bild 7.2: Modularer Aufbau eines Ventilblocks: Luftzuführung an der Unterseite, Flächenschalldämpfer an den Stirnseiten (Festo)

7.4 Elektrischer Anschluss von Ventilblöcken

Die elektrischen Kontakte der Ventilblöcke sind nach oben herausgeführt. Dies ermöglicht unterschiedliche Verdrahtungen der Magnetspulen durch Verwendung des entsprechenden elektrischen Anschlussmoduls:

1. Ohne zusätzliches Anschlussmodul wird jede Spule über eine separate Kabeldose angeschlossen.
2. Modul für Multipolanschluss: Sämtliche Magnetspulen werden innerhalb der Ventilinsel mit einem einzigen Vielfachstecker verbunden.
3. Modul für Feldbusanschluss: Sämtliche Magnetspulen werden innerhalb der Ventilinsel mit einer Feldbusschnittstelle verbunden.
4. Modul zum Anschluss des Aktor-Sensor-Interfaces: Sämtliche Magnetspulen werden innerhalb der Ventilinsel mit den beiden Schnittstellen zum Anschluss des Aktor-Sensor-Bus verbunden.

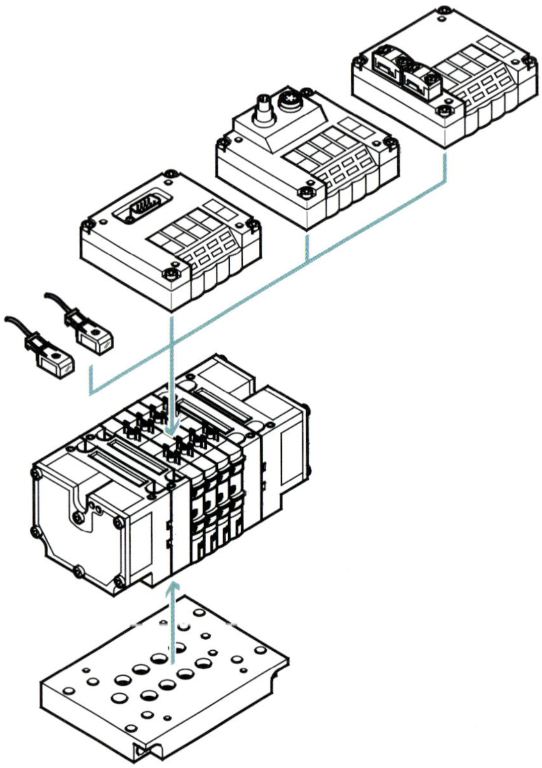

Bild 7.3: Elektrischer Anschluss von Ventilblöcken bzw. Ventilinseln; von links nach rechts: konventionell mit separaten Steckern für jede Magnetspule, Multipolanschluss, Feldbusanschluss, Aktor-Sensor-Interface

7.5 Moderne Installationskonzepte

Bei der konventionellen Verdrahtungstechnik werden sämtliche Komponenten einer elektropneumatischen Steuerung über Klemmenleisten angeschlossen. Zum Anschluss der Magnetspulen und Sensoren ist ein separater Klemmenkasten erforderlich. Dementsprechend aufwändig ist die elektrische Installation.

7.5.1 Vorteile moderner Installationskonzepte

Moderne Komponenten in der Elektropneumatik erlauben es, die Ventile auf Ventilinseln zusammenzufassen. Die Kontakte der Magnetspulen rasten direkt in die entsprechenden Anschlussdosen der Ventilinsel ein. Die Sensoren werden per Stecker mit dem Eingangsmodul verbunden, das entweder separat angeordnet oder in der Ventilinsel integriert ist. Es ergeben sich folgende Vorteile:

- Klemmenkasten und zugehörige Klemmenleiste entfallen.
- Defekte Wegeventile und Sensoren können ausgetauscht werden, ohne dass ab- und angeklemmt werden muss.
- Der Verdrahtungsaufwand ist geringer.

7.5.2 Steuerungskomponenten für reduzierten Installationsaufwand

In den folgenden Bildern sind zwei Beispiele für moderne Steuerungskomponenten dargestellt.

- Bild 7.4 zeigt eine Ventilinsel und ein Eingangsmodul, an das die Sensoren mit Steckern angeschlossen werden. Beide Komponenten sind durch eine Feldbusleitung miteinander verbunden.
- Bild 7.5 zeigt eine Insel, auf der Ventile, Sensoranschlüsse und SPS zusammengefasst sind.

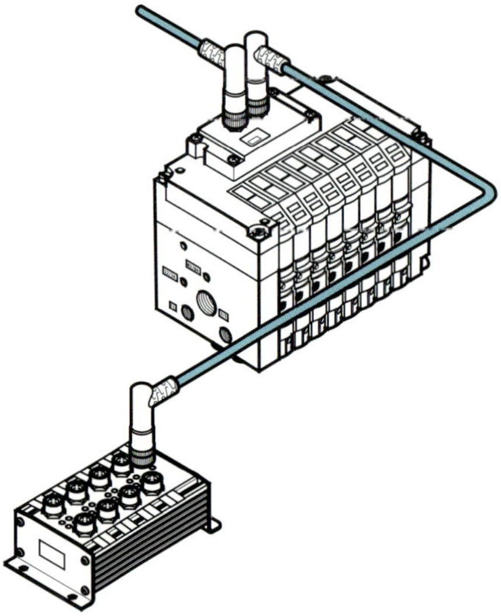

Bild 7.4: Steuerungskomponenten für reduzierten Installationsaufwand: Ventilinsel und separate Sensoranschlusseinheit

7.5.3 Installationsinsel

Eine Ventilinsel mit Zusatzfunktionen (z. B. integrierte SPS oder integriertes Sensoranschlussmodul) wird auch als Installationsinsel bezeichnet. Nachfolgend wird durchgängig der gebräuchlichere Begriff Ventilinsel verwendet.

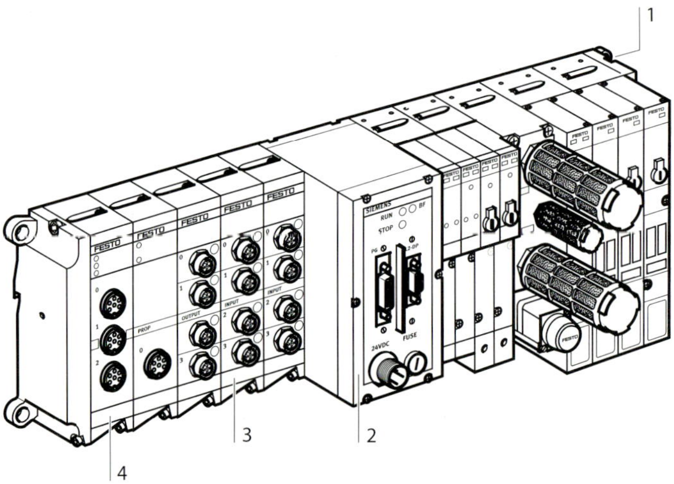

1 pneumatische Ausgangsseite
2 SPS
3 Sensoranschlusseinheit
4 elektrischer Ausgangsteil

Bild 7.5: Steuerungskomponenten für reduzierten Installationsaufwand: Ventilinsel mit integrierter Sensoranschlusseinheit und integrierter SPS

7.5.4 Verdrahtung mit Multipolanschluss

Bei einer Ventilinsel mit Multipolanschluss werden sämtliche elektrischen Anschlüsse in der Ventilinsel auf einem vielpoligen Steckeranschluss zusammengeführt (Bild 7.3). Über einen Gegenstecker wird das Kabel angeschlossen, welches zur Klemmenleiste im Schaltschrank führt. An die Klemmenleiste im Schaltschrank können mehrere Ventilinseln mit Multipolanschluss angeklemmt werden.

7.5.5 Aufbau eines Feldbussystems

Bild 7.6 verdeutlicht den Aufbau eines Feldbussystems in der Elektropneumatik.

- Die speicherprogrammierbare Steuerung und die Ventilinseln verfügen jeweils über eine Schnittstelle, mit der sie an den Feldbus angeschlossen werden. Jede Schnittstelle besteht aus Sender- und Empfängerschaltung.
- Der Feldbus überträgt die Informationen zwischen SPS und Ventilinseln.

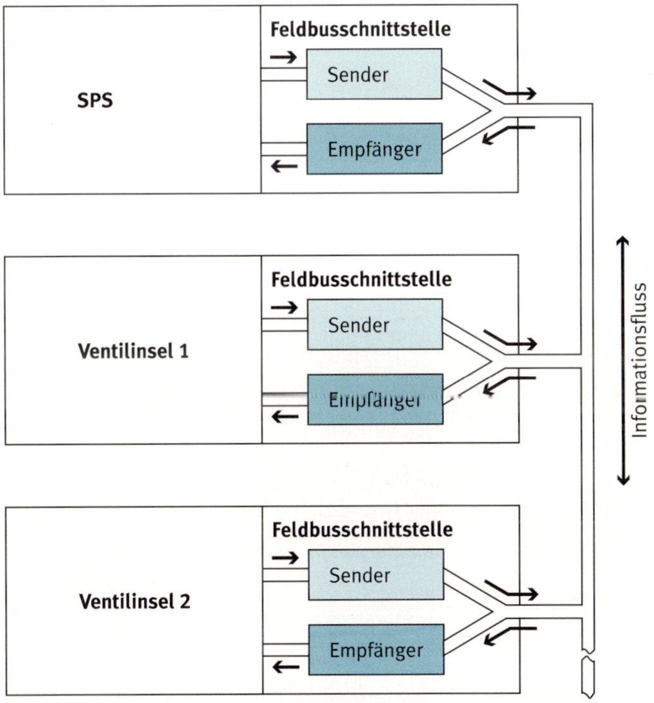

Bild 7.6: Aufbau eines Feldbussystems in der Elektropneumatik

Die Energie zum Betrieb der Ventile und Sensoren wird über das gleiche Kabel übertragen.

7.5.6 Arbeitsweise eines Feldbussystems

Der Informationsaustausch zwischen SPS und Ventilinsel läuft folgendermaßen ab:

- Soll z. B. die Magnetspule eines Ventils betätigt werden, schickt die SPS eine Folge binärer Signale über den Feldbus. Die Ventilinsel erkennt aus dieser Signalfolge, welche Magnetspule betätigt werden soll und führt diesen Befehl aus.
- Ändert ein Näherungsschalter seinen Signalzustand, so sendet die Ventilinsel bzw. das Sensoranschlussmodul eine Signalfolge an die speicherprogrammierbare Steuerung. Diese erkennt die Änderung und berücksichtigt sie bei der Programmbearbeitung.

Über den Feldbus werden neben dem Zustand der Ein- und Ausgänge weitere Informationen ausgetauscht, die z. B. verhindern, dass SPS und eine Ventilinsel oder zwei Ventilinseln gleichzeitig senden.

Es ist ebenfalls möglich, die SPS von zwei elektropneumatischen Steuerungen über ein Feldbussystem miteinander zu vernetzen, damit beide SPS untereinander Informationen austauschen können.

7.5.7 Feldbustypen

Es gibt zahlreiche Feldbustypen. Sie unterscheiden sich:

- bezüglich der Verschlüsselung und Entschlüsselung der Information
- bezüglich des elektrischen Anschlusses
- bezüglich der Übertragungsgeschwindigkeit

Die Feldbussysteme lassen sich einteilen in firmenspezifische Bussysteme und offene Bussysteme, die von unterschiedlichen SPS-Herstellern eingesetzt werden (z. B. Profibus). Ventilinseln und Sensoranschlussmodule sind für eine Vielzahl von Feldbussystemen erhältlich. Es dürfen nur Steuerungen und Ventilinseln miteinander kombiniert werden, die für den gleichen Feldbus ausgelegt sind.

8 Proportionalpneumatik

Die Proportionalpneumatik hat schwerpunktmäßig folgende Anwendungsgebiete:

- die kontinuierliche Verstellung von Drücken und Kräften
- die kontinuierliche Verstellung von Durchflüssen und Geschwindigkeiten
- die Positionierung mit nummerisch gesteuerten Antrieben, z. B. in der Handhabungstechnik

8.1 Proportional-Druckregelventile

8.1.1 Aufgabe eines Proportional-Druckregelventils

Ein Proportional-Druckregelventil wandelt eine elektrische Spannung als Eingangssignal in einen Druck als Ausgangssignal um. Der Druck am Verbraucherausgang kann kontinuierlich von 0 kPa bis zum Maximaldruck von z. B. 600 kPa verstellt werden.

Bild 8.1: Proportional-Druckregelventile mit verschiedenen Nennweiten (Festo)

8.1.2 Anwendung eines Proportional-Druckregelventils

In Bild 8.2 ist eine Vorrichtung zur Prüfung von Bürostühlen dargestellt. Um die Dauerhaltbarkeit der Lehnenfeder zu testen, wird der Stuhl mit einer Kraft belastet, die sich periodisch verändert. Die Maximalkraft und der Verlauf der Kraft als Funktion der Zeit lassen sich variieren, sodass unterschiedliche Prüfzyklen gefahren werden können. Ebenfalls in Bild 8.2 sind zwei mögliche Verläufe der Kraft als Funktion der Zeit dargestellt.

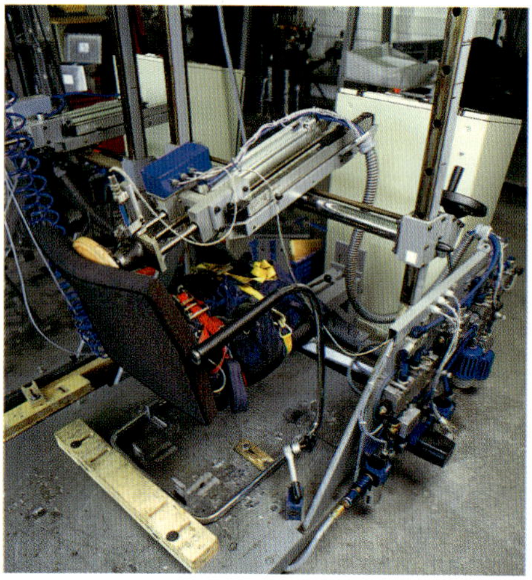

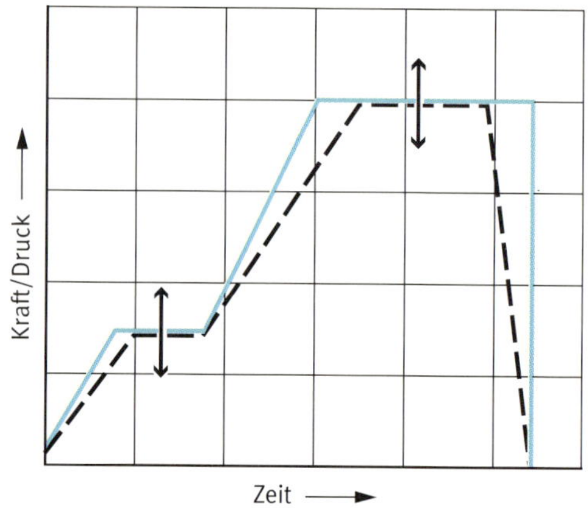

Bild 8.2: Prüfvorrichtung für Bürostühle; links: Aufbau der Prüfvorrichtung, rechts: Verlauf der Kraft als Funktion der Zeit

8.1.3 Steuerung der Prüfvorrichtung

Die elektropneumatische Steuerung der Prüfvorrichtung arbeitet nach folgendem Prinzip:

- Eine speicherprogrammierbare Steuerung, die zusätzlich Analogsignale verarbeiten kann, gibt einen Druck-Sollwert in Form einer elektrischen Spannung aus.
- Das Proportional-Druckregelventil erzeugt an seinem Verbraucherausgang einen Druck, der proportional zur elektrischen Spannung ist (niedrige Spannung = niedriger Druck, hohe Spannung = hoher Druck).
- Der Verbraucherausgang des Proportional-Druckregelventils ist mit der Zylinderkammer verbunden. Hoher Druck am Ausgang des Proportionalventils bedeutet hohe Kolbenkraft des Zylinders, niedriger Druck am Ventilausgang bedeutet niedrige Kolbenkraft.

Erhöht sich die elektrische Spannung am Ausgang der SPS, so vergrößert das Proportionalventil den Druck in der Zylinderkammer. Die Kolbenkraft steigt an. Sinkt die elektrische Spannung am Ausgang der SPS, verringert das Proportionalventil den Druck in der Zylinderkammer. Die Kolbenkraft fällt ab.

8.1.4 Ersatzschaltbild eines Proportional-Druckregelventils

Bild 8.3 zeigt das Ersatzschaltbild eines Proportional-Druckregelventils. Das Ventil verfügt über einen Druckluft-, einen Verbraucher- und einen Abluftanschluss. Die beiden elektrischen Anschlüsse haben folgende Funktionen:

- Der Signaleingang des Ventils wird mit dem analogen Ausgang der elektrischen Steuerung verbunden.
- Am Signalausgang des Ventils kann der am Verbraucherausgang herrschende Druck als analoges elektrisches Signal abgegriffen werden. Die Beschaltung dieses Ausgangs ist für die Funktion des Ventils nicht erforderlich.

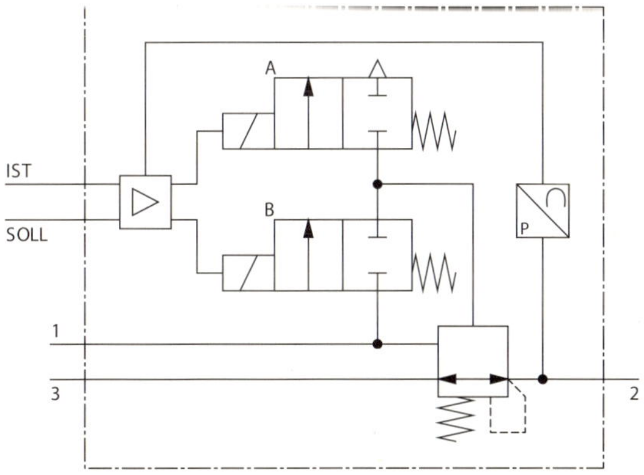

Bild 8.3: Proportional-Druckregelventile: Ersatzschaltbild

8.1.5 Funktionsweise eines Proportional-Druckregelventils

Der Druck am Verbraucherausgang wird mit einem Drucksensor gemessen. Der Messwert wird mit dem Druck-Sollwert verglichen.

- Liegt der Druck-Sollwert höher als der Druck-Istwert, wird das Schaltventil A geöffnet (Bild 8.3). Der Druck auf der Oberseite der Druckwaage wächst an. Dadurch wird der Verbraucheranschluss mit dem Druckluftanschluss verbunden. Druckluft strömt zum Verbraucheranschluss. Der Druck am Verbraucheranschluss steigt an. Der Druck auf beiden Flächen der Druckwaage wird angeglichen, und die Druckwaage bewegt sich zurück in ihre Ausgangsposition. Bei Erreichen des gewünschten Druckes schließt das Ventil.

- Liegt der Druck-Sollwert niedriger als der Druck-Istwert, wird Schaltventil B geöffnet. Der Druck auf der Oberseite der Druckwaage sinkt ab. Der Verbraucheranschluss wird mit der Abluftseite verbunden. Der Druck am Verbraucheranschluss sinkt, und die Druckwaage bewegt sich in ihre Ausgangsposition.

Bild 8.4 verdeutlicht den Verlauf des Druckes am Verbraucheranschluss für drei unterschiedliche, aber jeweils konstante Eingangsspannungen. Der Druck wird in weiten Bereichen unabhängig vom Durchfluss durch das Ventil konstant gehalten. Erst bei sehr hohem Durchfluss sinkt der Druck ab.

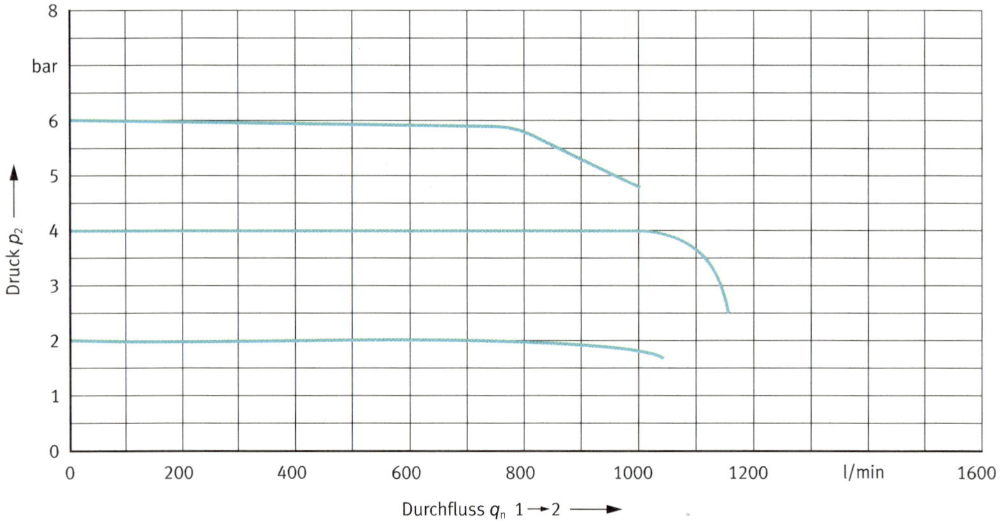

Bild 8.4: Proportional-Druckregelventile: Druck-Durchflusskennlinien, p_2 = Ausgangsdruck

8.2 Proportional-Wegeventile

8.2.1 Aufgaben eines Proportional-Wegeventils

Ein Proportional-Wegeventil verbindet die Eigenschaften eines elektrisch betätigten schaltenden Wegeventils und einer elektrisch einstellbaren Drossel. Die Verbindungen zwischen den Ventilanschlüssen können geöffnet und abgesperrt werden. Der Durchfluss lässt sich von Null bis zum Maximalwert verstellen.

Bild 8.5: Proportional-Wegeventile mit verschiedener Nennweite.

8.2.2 Anwendung eines Proportional-Wegeventils

Mit einem Proportional-Wegeventil lässt sich der Ventildurchfluss und damit die Verfahrgeschwindigkeit der Kolbenstange eines Pneumatikzylinders kontinuierlich verändern. Dies ermöglicht die Optimierung des Geschwindigkeitsverlaufs, sodass hohe Geschwindigkeiten bei sanfter Beschleunigung und Abbremsung erzielt werden (Bild 8.6). Anwendungen ergeben sich beim Transport empfindlicher Güter (z. B. in der Lebensmittelindustrie).

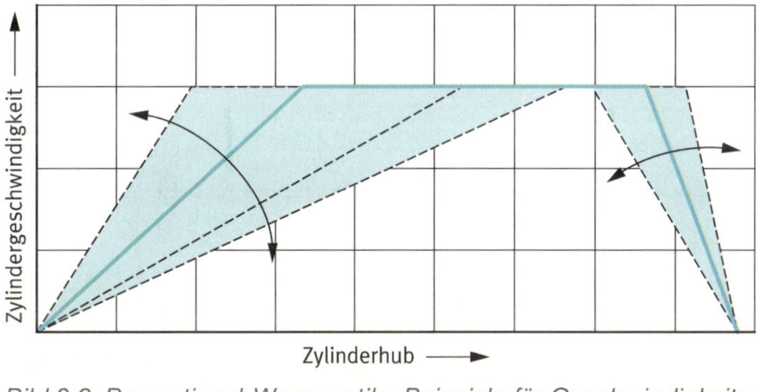

Bild 8.6: Proportional-Wegeventile: Beispiele für Geschwindigkeitsverläufe

8.2.3 Ersatzschaltbild eines Proportional-Wegeventils

Bild 8.7 zeigt das Ersatzschaltbild eines 5/3-Wege-Proportionalventils. Abhängig von dem analogen elektrischen Eingangssignal (= Stellgröße) nimmt das Ventil unterschiedliche Schaltstellungen an:

- Eingangssignal kleiner als 5 V
  Anschlüsse 1 und 2 sowie 4 und 5 verbunden
- Eingangssignal 5 V
  Ventil geschlossen (Mittelstellung)

- Eingangssignal größer als 5 V
  Anschlüsse 1 und 4 sowie 2 und 3 verbunden

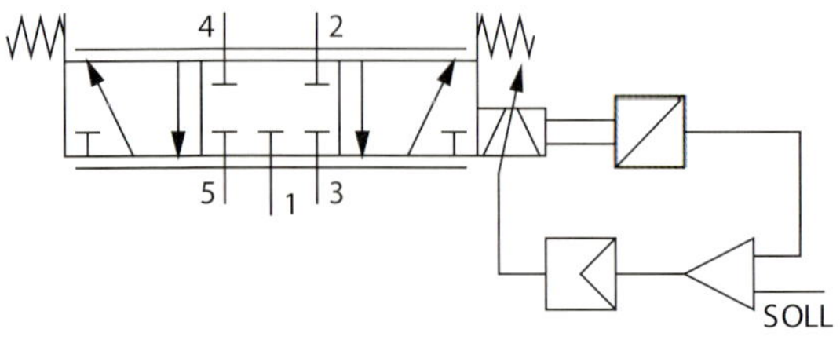

Bild 8.7: Proportional-Wegeventile: Ersatzschaltbild

8.2.4 Durchfluss-Signalfunktion eines Proportional-Wegeventils

Zusätzlich wird die Ventilöffnung in Abhängigkeit der Stellgröße verändert. Der Zusammenhang zwischen Stellgröße und Durchfluss wird durch die Durchfluss-Signalfunktion beschrieben (Bild 8.8):

- Eingangssignal 0 V
  Anschlüsse 1 und 2 sind verbunden, maximaler Durchfluss
- Eingangssignal 2,5 V
  Anschlüsse 1 und 2 sind verbunden, verringerter Durchfluss
- Eingangssignal 5 V
  Ventil geschlossen
- Eingangssignal 7,5 V
  Anschlüsse 1 und 4 sind verbunden, verringerter Durchfluss
- Eingangssignal 10 V
  Anschlüsse 1 und 4 sind verbunden, maximaler Durchfluss

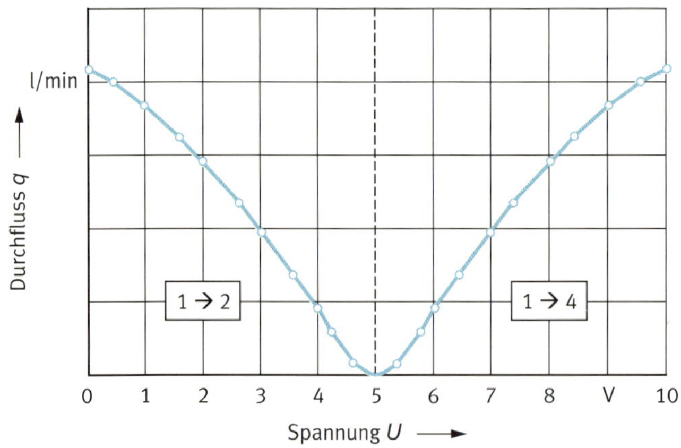

Bild 8.8: Proportional-Wegeventile: Durchflusskennlinie (Durchfluss-Signalfunktion)

8.3 Pneumatischer Positionierantrieb

Ein pneumatischer Positionierantrieb dient dazu, mehrere per Programm vorgegebene Positionen mit einem Pneumatikzylinder anzufahren. Der Kolben wird durch eine Lageregelung zwischen den Luftsäulen der beiden Zylinderkammern eingespannt. Der Kolben kann deshalb nicht nur an den Anschlägen, sondern an jeder beliebigen Stelle des Hubbereichs positioniert werden. Je nach Antrieb wird eine Positioniergenauigkeit von 0,1 mm erreicht. Dank der Lageregelung wird eine Position auch dann gehalten, wenn eine Kraft auf den Kolben wirkt.

8.3.1 Anwendung eines pneumatischen Positionierantriebs

Pneumatische Positionierantriebe werden z. B. zur Handhabung, zur Palettierung und zur Montage eingesetzt. Bild 8.9 zeigt eine Anlage, in der mithilfe eines pneumatischen Positionierantriebs Getränkekartons in eine Verpackung einsortiert werden.

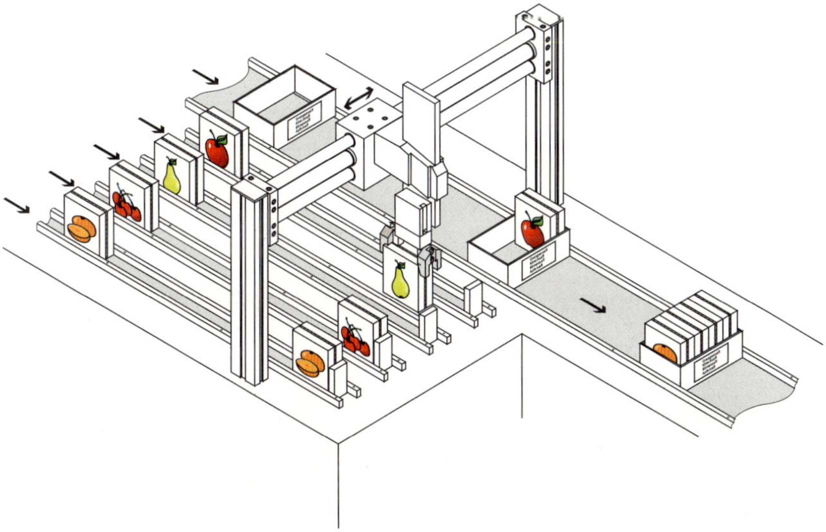

Bild 8.9: Anwendung eines pneumatischen Positionierantriebs

8.3.2 Aufbau eines pneumatischen Positionierantriebs

Ein pneumatischer Positionierantrieb besteht aus folgenden Komponenten:

- einer nummerischen Steuerung
- einem Proportional-Wegeventil
- einem doppeltwirkenden Pneumatikzylinder
- einem Wegmesssystem

9 Grundlagen der Elektrotechnik

9.1 Gleichstrom und Wechselstrom

Ein einfacher elektrischer Stromkreis besteht aus einer Spannungsquelle, einem Verbraucher sowie den Verbindungsleitungen.

Physikalisch gesehen bewegen sich im elektrischen Stromkreis negative Ladungsträger, die Elektronen, über den elektrischen Leiter vom Minuspol der Spannungsquelle zum Pluspol. Diese Bewegung der Ladungsträger wird als elektrischer Strom bezeichnet. Ein elektrischer Strom kann nur fließen, wenn der Stromkreis geschlossen ist.

Man unterscheidet zwischen Gleich- und Wechselstrom:
- Wirkt eine Spannung im Stromkreis immer in der gleichen Richtung, so fließt ein Strom, der ebenfalls stets die gleiche Richtung hat. Es handelt sich um Gleichstrom bzw. um einen Gleichstromkreis.
- Beim Wechselstrom bzw. im Wechselstromkreis ändern Spannung und Strom ihre Richtung und Stärke in einem bestimmten Takt.

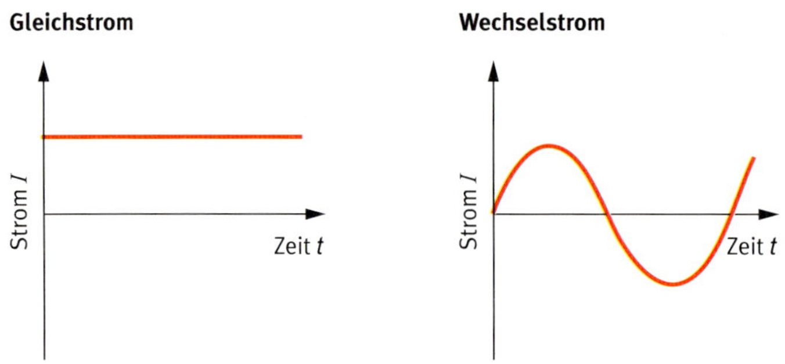

Bild 9.1: Zeitlicher Verlauf von Gleichstrom und Wechselstrom

Bild 9.2 zeigt einen einfachen elektrischen Gleichstromkreis, bestehend aus einer Spannungsquelle, elektrischen Leitungen, einem Stellschalter und einem Verbraucher (im Beispiel eine Lampe).

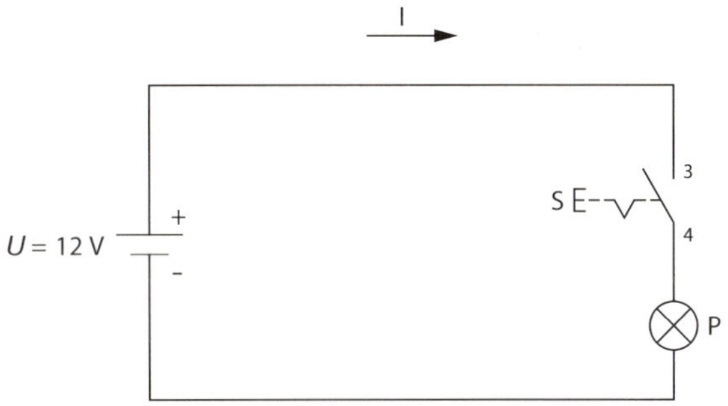

Bild 9.2: Gleichstromkreis

Technische Stromrichtung

Wird der Stellschalter geschlossen, fließt ein Strom *I* über den Verbraucher. Die Elektronen bewegen sich vom Minus- zum Pluspol der Spannungsquelle. Bevor die Existenz der Elektronen bekannt war, wurde die Stromrichtung von „plus" nach „minus" festgelegt. Diese Definition ist in der Praxis auch heute noch gültig. Man bezeichnet sie als technische Stromrichtung.

9.2 Ohm'sches Gesetz

Der Zusammenhang zwischen Spannung, Stromstärke und Widerstand wird durch das Ohm'sche Gesetz beschrieben. Es besagt, dass sich in einem Stromkreis mit gegebenem elektrischen Widerstand die Stromstärke im gleichen Verhältnis wie die Spannung ändert, d. h.:

- Wächst die Spannung, steigt auch die Stromstärke an.
- Sinkt die Spannung, geht auch die Stromstärke zurück.

$$U = R \cdot I$$

U	Spannung	Einheit: Volt (V)
R	Widerstand	Einheit: Ohm (Ω)
I	Stromstärke	Einheit: Ampere (A)

9.2.1 Elektrischer Leiter

Unter einem elektrischen Strom versteht man die gerichtete Bewegung von Ladungsträgern. Ein Strom kann in einem Werkstoff nur fließen, wenn dort genügend freie Elektronen vorhanden sind. Werkstoffe, für die dies zutrifft, heißen elektrische Leiter. Besonders gute elektrische Leiter sind die Metalle Kupfer, Aluminium und Silber. In der Steuerungstechnik wird hauptsächlich Kupfer als Leitermaterial eingesetzt.

9.2.2 Elektrischer Widerstand

Jeder Werkstoff setzt dem elektrischen Strom einen Widerstand entgegen. Er kommt dadurch zustande, dass die frei beweglichen Elektronen mit den Atomen des Leitermaterials zusammenstoßen und dadurch in ihrer Bewegung behindert werden. Bei elektrischen Leitern ist der Widerstand gering. Werkstoffe, die dem elektrischen Strom einen besonders hohen Widerstand entgegensetzen, heißen elektrische Isolatoren. Zur Isolation elektrischer Leitungen und Kabel verwendet man Werkstoffe auf Gummi- und Kunststoffbasis.

9.2.3 Quellenspannung

Am Minuspol einer Spannungsquelle herrscht Elektronenüberschuss, am Pluspol Elektronenmangel. Durch diesen Effekt entsteht die Quellenspannung.

9.3 Elektrische Leistung

In der Mechanik lässt sich die Leistung über die Arbeit definieren. Je schneller eine Arbeit verrichtet wird, umso größer ist die erforderliche Leistung. Leistung bedeutet also: Arbeit pro Zeit.

Bei einem Verbraucher in einem Stromkreis wird elektrische Energie in Bewegungsenergie (z. B. Elektromotor), Lichtstrahlung (z. B. elektrische Lampe) oder Wärmeenergie (z. B. elektrische Heizung, elektrische Lampe) umgewandelt. Je schneller die Energie umgesetzt wird, umso höher ist die elektrische Leistung. Leistung bedeutet hier also: umgewandelte Energie pro Zeit. Sie steigt mit wachsendem Strom und wachsender Spannung an.

Die elektrische Leistung eines Verbrauchers wird auch als elektrische Leistungsaufnahme bezeichnet.

$$P = U \cdot I$$

P	Leistung	Einheit: Watt (W)
U	Spannung	Einheit: Volt (V)
I	Stromstärke	Einheit: Ampère (A)

Anwendungsbeispiel – Elektrische Leistung einer Spule
Die Magnetspule eines 5/2-Wegeventils wird mit 24 V Gleichspannung versorgt. Der Widerstand der Spule beträgt 60 Ω. Wie groß ist die elektrische Leistungsaufnahme?

Die Stromstärke wird mit dem Ohm'schen Gesetz errechnet:

$$I = \frac{U}{R} = \frac{24\ \text{V}}{60\ \Omega} = 0{,}4\ \text{A}$$

Die elektrische Leistungsaufnahme ergibt sich aus dem Produkt von Stromstärke und Spannung:

$$P = U \cdot I = 24\ \text{V} \cdot 0{,}4\ \text{A} = 9{,}6\ \text{W}$$

9.4 Funktionsweise eines Elektromagneten

In der Umgebung jedes stromdurchflossenen elektrischen Leiters baut sich ein Magnetfeld auf. Wird die Stromstärke erhöht, vergrößert sich das Magnetfeld. Magnetfelder üben auf Werkstücke aus Eisen, Nickel oder Kobalt eine anziehende Kraft aus. Diese Kraft steigt mit wachsendem Magnetfeld.

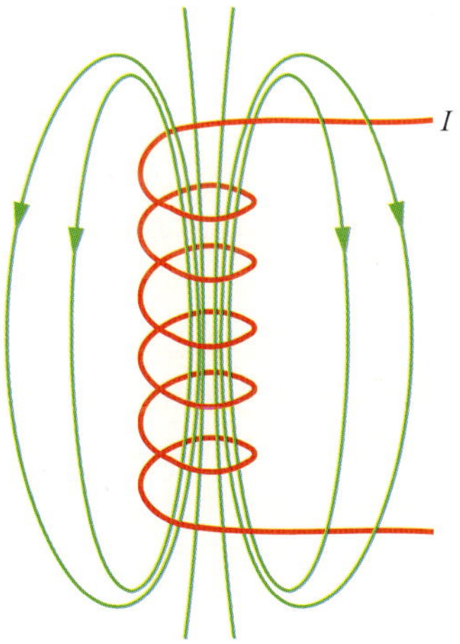

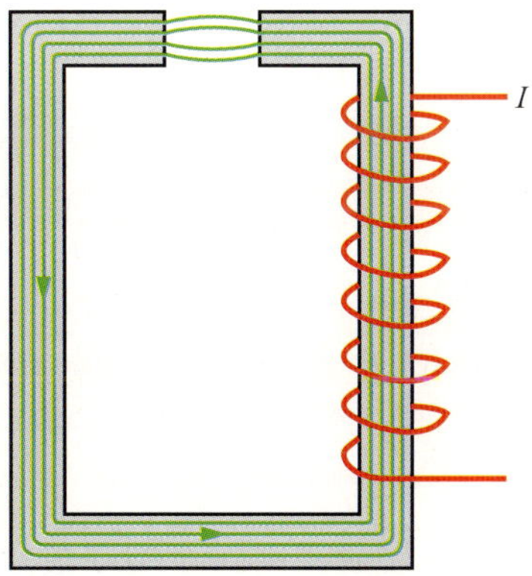

Bild 9.3: Elektrische Spule und magnetische Feldlinien – links: Luftspule; rechts: Spule mit Eisenkern und Luftspalt

9.4.1 Aufbau eines Elektromagneten

Ein Elektromagnet ist folgendermaßen aufgebaut:

- Der stromdurchflossene Leiter wird in Form einer Spule gewickelt. Durch Überlagerung der Feldlinien aller Spulenwindungen verstärkt sich das Magnetfeld, und es bildet sich eine Hauptfeldrichtung aus.
- In der Spule wird ein Eisenkern angebracht. Fließt ein elektrischer Strom, wird zusätzlich das Eisen magnetisiert. Dadurch lässt sich bei gleicher Stromstärke ein wesentlich höheres Magnetfeld erzeugen als mit einer Luftspule.

Beide Maßnahmen sorgen dafür, dass ein Elektromagnet schon mit einer kleinen Stromstärke eine hohe Kraft auf eisenhaltige Werkstücke ausübt.

9.4.2 Anwendungen von Elektromagneten

In elektropneumatischen Steuerungen dienen Elektromagneten in erster Linie dazu, die Schaltstellung von Ventilen, Relais oder Schützen zu beeinflussen. Dies soll am Beispiel eines federrückgestellten Wegeventils verdeutlicht werden:

- Fließt ein elektrischer Strom durch die Magnetspule, so wird der Kolben des Ventils betätigt.
- Wird der Stromfluss unterbrochen, drückt eine Feder den Ventilkolben in die Ausgangsstellung zurück.

9.4.3 Induktiver Widerstand bei Wechselspannung

Legt man bei einer Spule eine Wechselspannung an, so fließt ein Wechselstrom. Das bedeutet: Strom und Magnetfeld verändern sich ständig. Durch die Änderung des Magnetfeldes wird in der Spule ein Strom induziert. Der induzierte Strom wirkt dem Strom, der das Magnetfeld erzeugt, entgegen. Die Spule setzt dem Wechselstrom also einen Widerstand entgegen. Dieser Widerstand wird als induktiver Widerstand bezeichnet. Der induktive Widerstand ist umso größer, je schneller sich die elektrische Spannung ändert und je größer die Induktivität der Spule ist.

Die Einheit der Induktivität ist „Henry“ (H).

$$1\,\mathrm{H} = 1\,\frac{\mathrm{Vs}}{\mathrm{A}} = 1\,\Omega\mathrm{s}$$

9.4.4 Induktiver Widerstand bei Gleichspannung

Bei Gleichspannung ändern sich Strom, Spannung und Magnetfeld nur beim Einschalten. Aus diesem Grund ist der induktive Widerstand hier nur zum Zeitpunkt des Einschaltens wirksam.

Zusätzlich zum induktiven Widerstand weist eine Spule einen Ohm'schen Widerstand auf. Dieser Widerstand ist sowohl bei Gleichspannung als auch bei Wechselspannung wirksam.

9.5 Funktionsweise eines elektrischen Kondensators

Ein Kondensator besteht aus zwei Leiterplatten, zwischen denen sich eine Isolierschicht (Dielektrikum) befindet. Verbindet man einen Kondensator mit einer Gleichspannungsquelle (Schließen des Tastschalters S1 in Bild 9.4), so fließt kurzzeitig ein Ladestrom. Die beiden Platten werden dadurch elektrisch geladen. Unterbricht man anschließend die Verbindung zur Spannungsquelle, so bleibt die Ladung im Kondensator gespeichert. Je größer die Kapazität eines Kondensators ist, desto mehr elektrische Ladungsträger speichert er bei gleicher Spannung.

Die Einheit der Kapazität ist „Farad" (F):

$$1\,\text{F} = 1\,\frac{\text{As}}{\text{V}}$$

Verbindet man den elektrisch geladenen Kondensator mit einem Verbraucher (Schließen des Tastschalters S2 in Bild 9.4), findet ein Ladungsausgleich statt. Es fließt ein elektrischer Strom durch den Verbraucher, bis der Kondensator vollständig entladen ist.

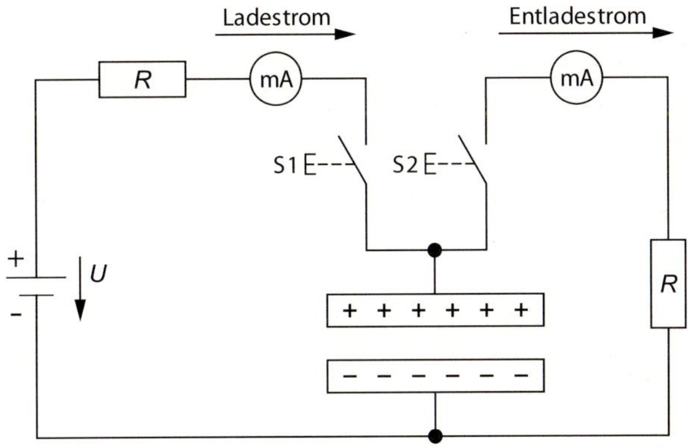

Bild 9.4: Funktionsweise eines Kondensators

9.6 Funktionsweise einer Diode

Dioden sind elektrische Bauelemente, die je nach Richtung des elektrischen Stromes einen unterschiedlichen Widerstand haben:

- In Durchlassrichtung ist der Widerstand sehr gering, sodass der elektrische Strom ungehindert fließt.
- In Sperrrichtung ist der Widerstand extrem hoch, sodass kein Strom fließt.

Wird eine Diode in einen Wechselstromkreis eingebaut, so kann der Strom nur in einer Richtung fließen. Der elektrische Strom ist gleichgerichtet.

Die Wirkung einer Diode auf den elektrischen Strom lässt sich vergleichen mit der Wirkung eines Rückschlagventils auf den Durchfluss in einer pneumatischen Schaltung.

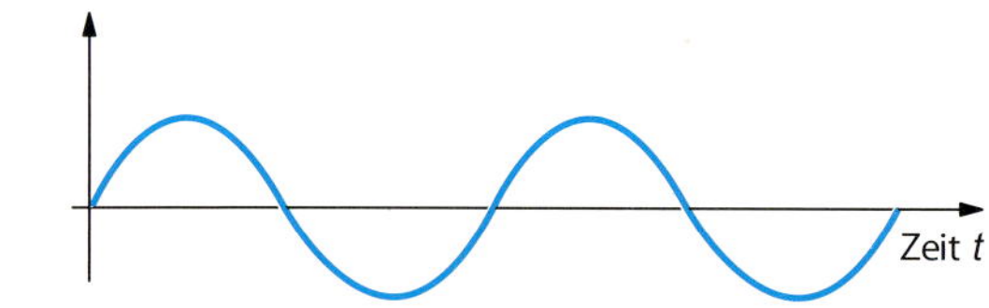

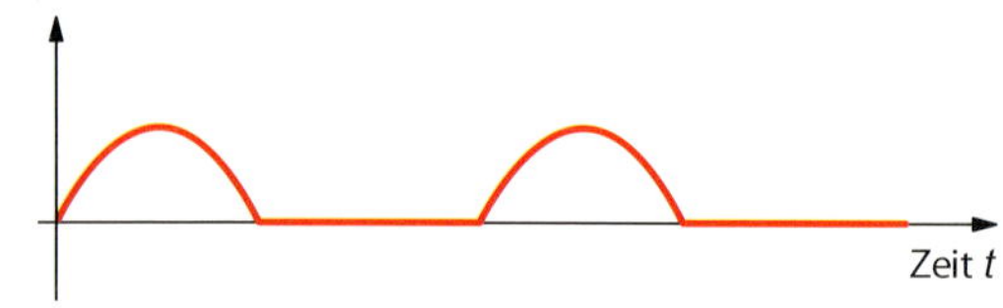

Bild 9.5: Funktionsweise einer Diode

9.7 Messungen im elektrischen Stromkreis

9.7.1 Definition: Messen

Messen bedeutet, eine unbekannte Größe (z. B. die Länge eines Pneumatikzylinders) mit einer bekannten Größe (z. B. mit der Skala eines Maßbandes) zu vergleichen. Ein Messgerät (z. B. ein Maßband) erlaubt es, diesen Vergleich durchzuführen.

Das Ergebnis, der Messwert, besteht aus Zahlenwert und Einheit (z. B. 30,4 cm).

Elektrische Ströme, Spannungen und Widerstände werden meist mit Vielfachmessgeräten gemessen. Diese Messgeräte können zwischen verschiedenen Betriebsarten umgeschaltet werden:

- Wechselspannung/Wechselstrom und Gleichspannung/Gleichstrom.
- Strommessung, Spannungsmessung und Widerstandsmessung.

Es kann nur dann korrekt gemessen werden, wenn die richtige Betriebsart eingestellt ist.

Ein Messgerät zur Spannungsmessung wird auch als Voltmeter, ein Messgerät zur Strommessung auch als Amperemeter bezeichnet.

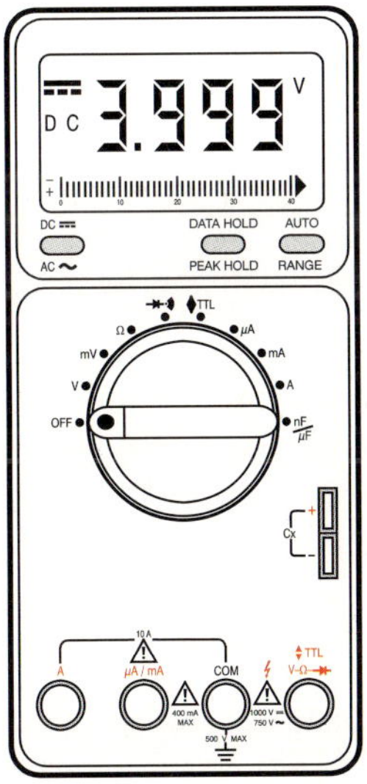

Bild 9.6: Vielfachmessgerät

9.7.2 Sicherheitshinweise

- Vergewissern Sie sich vor dem Messen, dass der Teil der Steuerung, an dem Sie messen wollen, nur mit einer elektrischen Spannung von maximal 24 V arbeitet!
- Messungen an Teilen einer Steuerung, die mit höherer Spannung arbeiten (z. B. 230 V), dürfen nur von Personen mit entsprechender Ausbildung bzw. Unterweisung durchgeführt werden.
- Bei unsachgemäßer Durchführung der Messung besteht Lebensgefahr!

9.7.3 Vorgehensweise beim Messen im elektrischen Stromkreis

Beim Messen im elektrischen Stromkreis ist in folgender Reihenfolge vorzugehen:

- Versorgungsspannung des Stromkreises abschalten.
- Gewünschte Betriebsart am Vielfachmessgerät einstellen (Strom oder Spannungsmessung, Gleich- oder Wechselspannung, bzw. Widerstandsmessung).
- Bei Zeigermessinstrumenten Nullpunkt kontrollieren und, falls erforderlich, abgleichen.
- Beim Messen von Gleichspannung/Gleichstrom Messgerät richtig gepolt anklemmen (Klemme „+" des Messgeräts an Pluspol der Spannungsquelle).
- Größten Messbereich wählen.
- Spannungsversorgung des Stromkreises einschalten.
- Zeiger bzw. Anzeige beobachten und schrittweise in kleineren Messbereich umschalten.
- Bei größtmöglichem Zeigerausschlag (kleinstmöglichem Messbereich) Anzeige ablesen.
- Bei Zeigerinstrumenten stets senkrecht auf die Anzeige schauen, um Ablesefehler zu vermeiden.

9.7.4 Spannungsmessung

Bei der Spannungsmessung wird das Messgerät parallel zum Verbraucher angeschlossen. Der Spannungsabfall über dem Verbraucher entspricht dem Spannungsabfall über dem Messgerät. Jedes Spannungsmessgerät (Voltmeter) besitzt einen Innenwiderstand. Um das Messergebnis möglichst wenig zu verfälschen, darf durch das Messgerät nur ein sehr kleiner Strom fließen.

Der Innenwiderstand des Voltmeters muss möglichst groß sein.

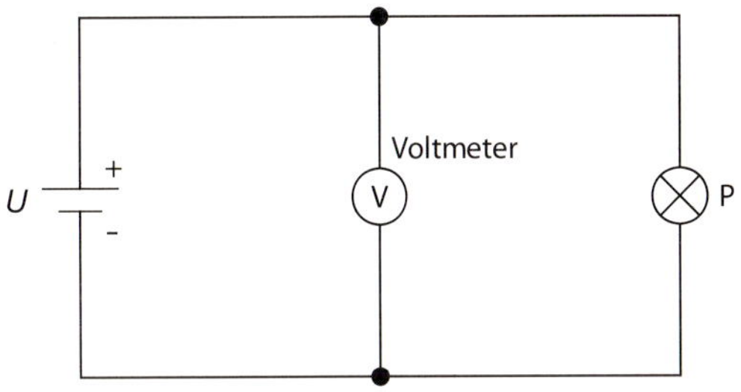

Bild 9.7: Spannungsmessung

9.7.5 Strommessung

Bei der Strommessung wird das Messgerät in Reihe zum Verbraucher angeschlossen. Der Verbraucherstrom fließt vollständig durch das Messgerät.

Jedes Strommessgerät (Amperemeter) besitzt einen Innenwiderstand. Dieser zusätzliche Widerstand verringert den Stromfluss. Um den Messfehler möglichst klein zu halten, darf ein Strommessgerät nur einen sehr kleinen Innenwiderstand aufweisen.

Der Innenwiderstand des Amperemeters muss möglichst klein sein.

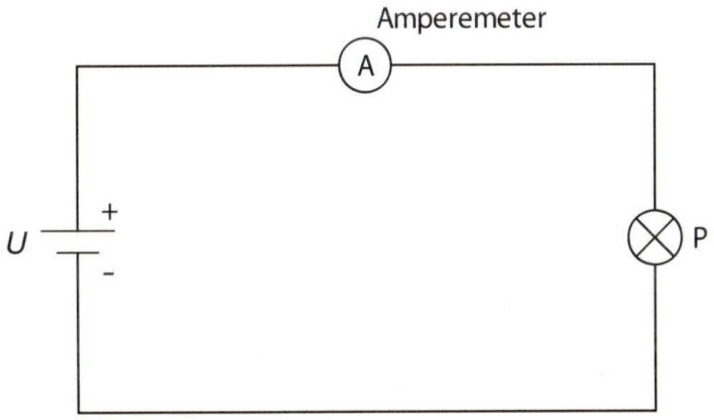

Bild 9.8: Strommessung

9.7.6 Widerstandsmessung

Der Widerstand eines Verbrauchers im Gleichstromkreis kann entweder direkt oder indirekt gemessen werden.

- Bei der indirekten Messung werden der Strom durch den Verbraucher und der Spannungsabfall über dem Verbraucher gemessen. Beide Messungen können entweder nacheinander oder gleichzeitig durchgeführt werden. Anschließend wird der Widerstand nach dem Ohm'schen Gesetz berechnet.

- Bei der direkten Messung wird der Verbraucher vom restlichen Stromkreis getrennt. Das Messgerät wird in den Betriebsbereich „Widerstandsmessung" geschaltet und mit beiden Klemmen des Verbrauchers verbunden. Der Wert des Widerstands wird abgelesen.

Ist der Verbraucher defekt (z. B. die Magnetspule eines Ventils durchgebrannt), so ergibt die Messung des Widerstands entweder einen unendlich hohen Wert oder den Wert Null (Kurzschluss).

Achtung
Der ohmsche Widerstand eines Verbrauchers im Wechselstromkreis ist nach der direkten Methode zu bestimmen!

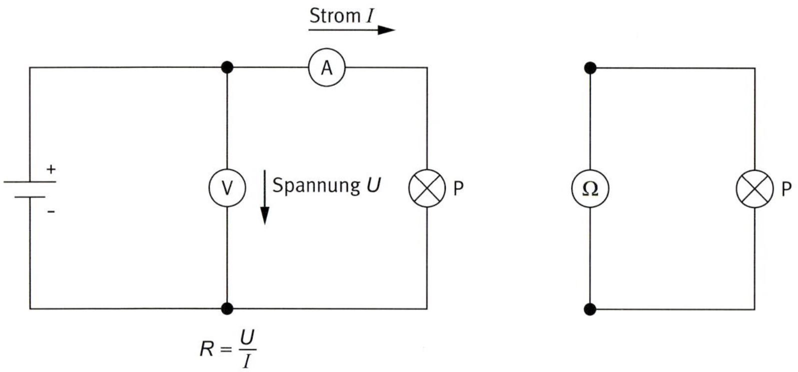

Bild 9.9: Widerstandsmessung; links: indirekte Messung, rechts: direkte Messung

9.7.7 Fehlerquellen beim Messen im elektrischen Stromkreis

Messgeräte können elektrische Spannungen, Ströme und Widerstände nicht beliebig genau messen. Zum einen beeinflusst das Messgerät selbst den elektrischen Stromkreis, zum anderen zeigt kein Messgerät wirklich exakt an. Der zulässige Anzeigefehler eines Messgeräts wird in Prozent des Messbereichsendwerts angegeben. Wird für ein Messgerät z. B. als Genauigkeitsklasse 0,5 angegeben, so darf der Anzeigefehler maximal 0,5 % des Messbereichsendwerts betragen.

Anwendungsbeispiel: Anzeigefehler

Mit einem Messgerät der Klasse 1,5 wird die Spannung einer 9-V-Batterie gemessen. Der Messbereich wird einmal auf 10 V und einmal auf 100 V eingestellt. Wie groß ist der maximal zulässige Anzeigefehler für jeden der beiden Messbereiche?

Messbereich	Zulässiger Anzeigefehler	Prozentualer Fehler
10 V	$10\ \text{V} \cdot \frac{1{,}5}{100} = 0{,}15\ \text{V}$	$\frac{0{,}15\ \text{V}}{9\ \text{V}} \cdot 100 = 1{,}66\ \%$
100 V	$100\ \text{V} \cdot \frac{1{,}5}{100} = 1{,}5\ \text{V}$	$\frac{1{,}5\ \text{V}}{9\ \text{V}} \cdot 100 = 16{,}6\ \%$

Tabelle 9.1: Berechnung des Anzeigefehlers

Die Beispielrechnung zeigt deutlich, dass der zulässige Anzeigefehler bei dem kleineren Messbereich geringer ist. Außerdem lässt sich das Messgerät besser ablesen. Es sollte also stets der kleinstmögliche Messbereich eingestellt werden.

10 Bauelemente und Baugruppen des elektrischen Signalsteuerteils

10.1 Netzteil

Der Signalsteuerteil einer elektropneumatischen Steuerung wird über das elektrische Netz mit Energie versorgt. Zu diesem Zweck verfügt die Steuerung über ein Netzteil (Bild 10.1). Die einzelnen Baugruppen des Netzteils haben folgende Aufgaben:

- Der Transformator dient zur Reduzierung der Betriebsspannung. Am Eingang des Transformators liegt die Netzspannung an (z. B. 230 V Wechselspannung), am Ausgang eine verringerte Spannung (z. B. 24 V Wechselspannung).
- Der Gleichrichter wandelt die Wechselspannung in eine Gleichspannung um. Der Kondensator am Gleichrichterausgang dient zur Spannungsglättung.
- Die Spannungsregelung am Ausgang des Netzteils ist erforderlich, um die elektrische Spannung unabhängig vom fließenden Strom konstant zu halten.

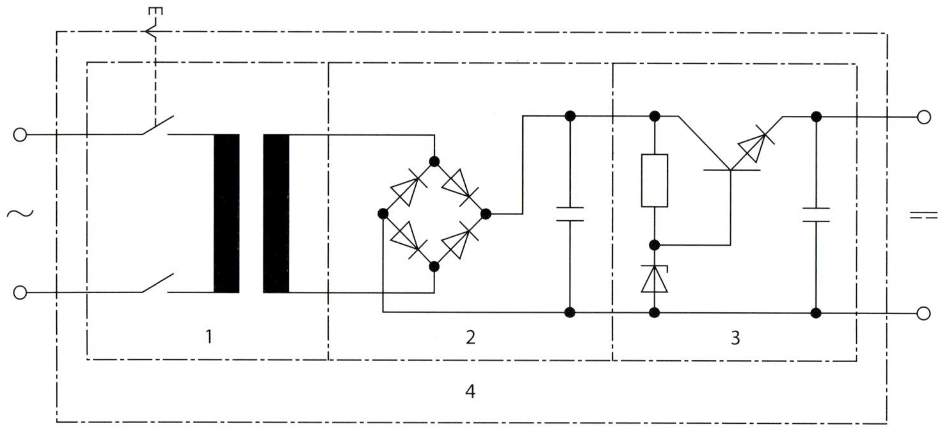

1 Transformator; 2 Gleichrichter; 3 Stabilisierung; 4 Netzteil

Bild 10.1: Baugruppen eines Netzteils

Sicherheitshinweise

- Wegen der hohen Eingangsspannung sind Netzteile Bestandteile der Starkstromanlage (DIN VDE 0100).
- Die Sicherheitsvorschriften für Starkstromanlagen sind zu beachten.
- Arbeiten am Netzteil dürfen nur von dazu berechtigten Personen durchgeführt werden.

10.2 Tastschalter und Stellschalter

Um einen Verbraucher im elektrischen Stromkreis mit Strom zu beaufschlagen oder um den Stromfluss zu unterbrechen, werden in den Stromkreis Schalter eingebaut. Diese Schalter werden in die Bauarten Tastschalter und Stellschalter eingeteilt.

- Bei einem Tastschalter bleibt die gewählte Schaltstellung nur erhalten, solange er betätigt ist. Angewendet werden Tastschalter z. B. zur Betätigung von Klingeln.
- Beim Stellschalter werden beide Schaltstellungen mechanisch verriegelt. Eine Schaltstellung bleibt also immer so lange erhalten, bis der Schalter erneut betätigt wird. Ein Anwendungsbeispiel sind Lichtschalter in Wohnräumen.

10.2.1 Schließer

Bei einem Schließer ist der Stromkreis in der Ruhestellung des Tastschalters, d. h. im unbetätigten Zustand, unterbrochen. Durch Betätigen des Schaltstößels wird der Stromkreis geschlossen, und Strom fließt zum Verbraucher. Nach Loslassen des Schaltstößels bewegt sich der Tastschalter durch die Federkraft in seine Ruhestellung zurück, sodass der Stromkreis unterbrochen wird.

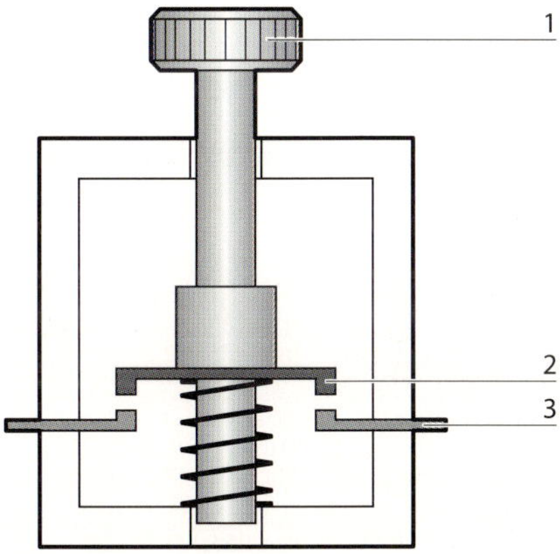

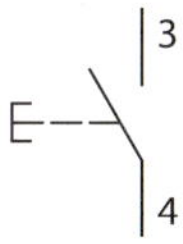

1 Betätigungsart Taste
2 Schaltelement
3 Anschluss

Bild 10.2: Schließer – Symbol und Schnittbild

10.2.2 Öffner

Bei einem Öffner ist der Stromkreis in der Ruhestellung des Tastschalters durch Federkraft geschlossen. Bei Betätigen des Tastschalters wird der Stromkreis unterbrochen.

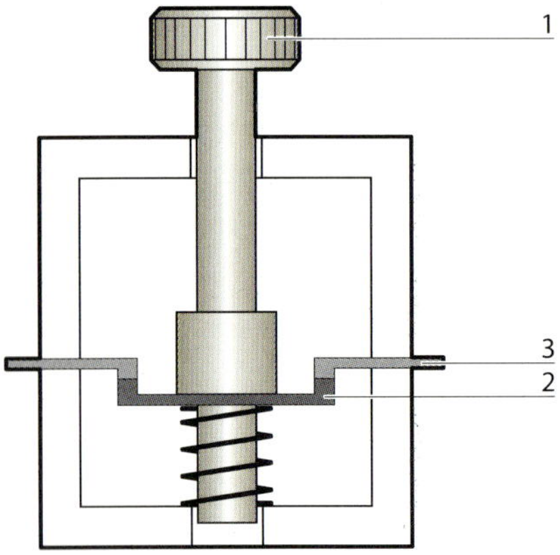

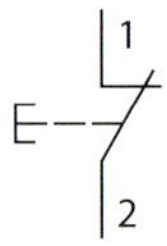

1 Betätigungsart Taste
2 Anschluss
3 Schaltelement

Bild 10.3: Öffner – Symbol und Schnittbild

10.2.3 Wechsler

Der Wechsler vereinigt die Funktionen des Öffners und des Schließers in einem Gerät. Wechsler werden eingesetzt, um mit einem Schaltvorgang einen Stromkreis zu schließen und einen anderen zu öffnen. Während des Umschaltens sind beide Stromkreise kurzzeitig unterbrochen.

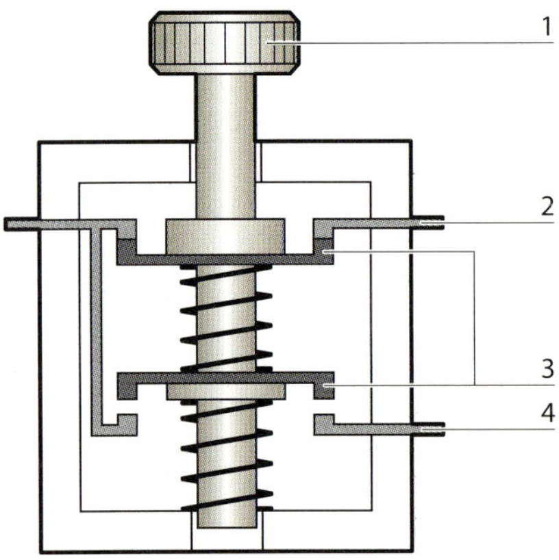

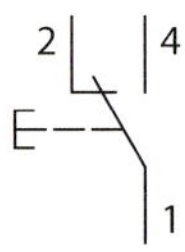

1 Betätigungsart Taste
2 Anschluss Öffner
3 Schaltelement
4 Anschluss Schließer

Bild 10.4: Wechsler – Symbol und Schnittbild

10.3 Sensoren zur Positions- und Druckerfassung

Sensoren haben die Aufgabe, Informationen zu erfassen und diese Information in leicht auswertbarer Form an die Signalverarbeitung weiterzuleiten. In elektropneumatischen Steuerungen werden Sensoren hauptsächlich eingesetzt:

- um die vordere und hintere Endlage der Kolbenstange bei Zylinderantrieben zu erfassen,
- um das Vorhandensein und die Position von Werkstücken zu ermitteln,
- um den Druck zu messen und zu überwachen.

10.3.1 Grenztaster

Ein Grenztaster wird betätigt, wenn sich ein Maschinenteil oder ein Werkstück in einer bestimmten Position befindet. In der Regel geschieht dies durch einen Nocken. Grenztaster sind meist als Wechsler ausgelegt. Sie können, je nach Bedarf, als Öffner, als Schließer oder als Wechsler angeschlossen werden.

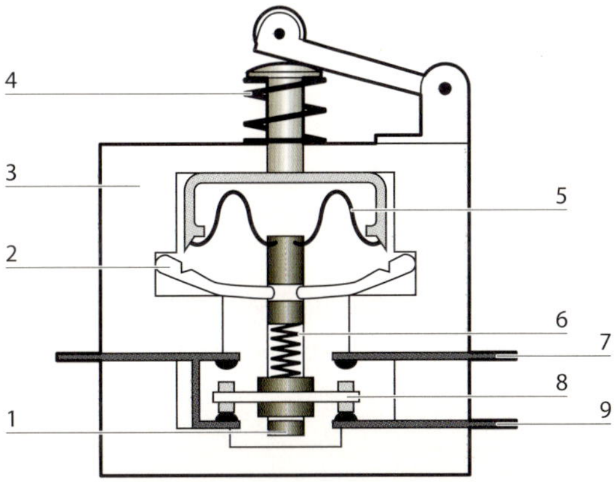

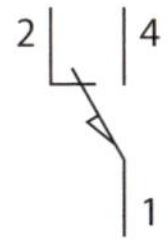

1 Führungsbolzen
2 Zwangstrennungshebel
3 Gehäuse
4 Druckfeder
5 gebogene Blattfeder
6 Kontaktdruckfeder
7 Anschluss Schließer
8 Kontaktzunge
9 Anschluss Öffner

Bild 10.5: Mechanischer Grenztaster – Symbol und Schnittbild

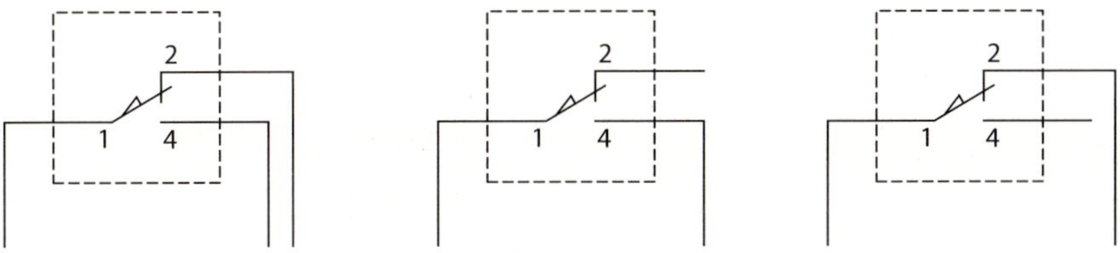

Bild 10.6: Mechanischer Grenztaster – Anschlussmöglichkeiten

10.3.2 Näherungsschalter

Im Gegensatz zu Grenztastern werden Näherungsschalter berührungsfrei und ohne äußere mechanische Betätigungskraft geschaltet.

Dadurch weisen Näherungsschalter eine hohe Lebensdauer auf und sie schalten zuverlässig. Man unterscheidet:

- Reedschalter
- induktive Näherungsschalter
- kapazitive Näherungsschalter
- optische Näherungsschalter

Reedschalter
Reedschalter sind magnetisch betätigte Näherungsschalter. Sie bestehen aus zwei Kontaktzungen, die sich in einem schutzgasgefüllten Glasröhrchen befinden. Durch Einwirkung eines Magnetfeldes wird der Kontakt zwischen den beiden Zungen geschlossen, sodass ein elektrischer Strom fließen kann.

Bei Reedschaltern, die als Öffner arbeiten, werden die Kontaktzungen mit kleinen Magneten vorgespannt. Diese Vorspannung wird durch das wesentlich stärkere Magnetfeld des Schaltmagneten überwunden.

Reedschalter weisen eine hohe Lebensdauer und eine geringe Schaltzeit (ca. 0,2 ms) auf. Sie sind wartungsfrei, dürfen aber nicht an Orten mit starken Magnetfeldern (z. B. in der Umgebung von Widerstandsschweißmaschinen) verwendet werden.

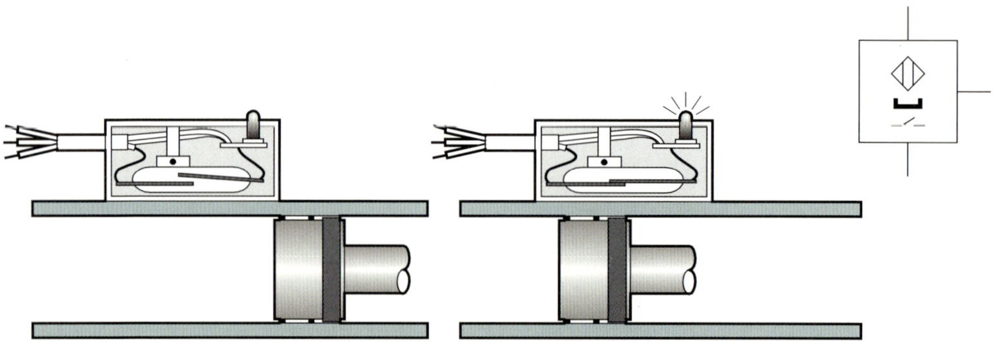

Bild 10.7: Reedschalter (Schließer) – Symbol und Anwendungsbeispiel

Elektronische Sensoren

Induktive, optische und kapazitive Näherungsschalter zählen zu den elektronischen Sensoren. Sie weisen im Regelfall drei elektrische Anschlüsse auf:

- den Anschluss für die Versorgungsspannung
- den Anschluss für die Masse
- den Anschluss für das Ausgangssignal

Bei diesen Sensoren wird kein beweglicher Kontakt umgeschaltet. Stattdessen wird der Ausgang elektronisch entweder mit der Versorgungsspannung verbunden oder auf Masse gelegt (= Ausgangsspannung 0 V).

Positiv und negativ schaltende Sensoren

Bezüglich der Polarität des Ausgangssignals gibt es zwei verschiedene Bauarten elektronischer Näherungsschalter:

- Bei positiv schaltenden Sensoren hat der Ausgang die Spannung Null, wenn sich kein Teil im Ansprechbereich des Sensors befindet. Annäherung eines Werkstücks oder Maschinenteils führt zum Umschalten des Ausgangs, sodass Versorgungsspannung anliegt.
- Bei negativ schaltenden Sensoren liegt am Ausgang Versorgungsspannung an, wenn sich kein Teil im Ansprechbereich des Sensors befindet. Annäherung führt zum Umschalten des Ausgangs auf die Spannung 0 V.

Induktive Näherungsschalter

Ein induktiver Näherungsschalter besteht aus einem elektrischen Schwingkreis (1), einer Kippstufe (2) und einem Verstärker (3). Bei Anlegen der Spannung an die Anschlüsse erzeugt der Schwingkreis ein hochfrequentes magnetisches Wechselfeld, das aus der Stirnseite des Sensors austritt. Wird ein elektrischer Leiter in dieses Wechselfeld gebracht, wird der Schwingkreis gedämpft. Die nachgeschaltete Elektronik, bestehend aus Kippstufe und Verstärker, wertet das Verhalten des Schwingkreises aus und betätigt den Ausgang.

Mit induktiven Näherungsschaltern lassen sich alle elektrisch gut leitenden Materialien erkennen, neben Metallen beispielsweise auch Graphit.

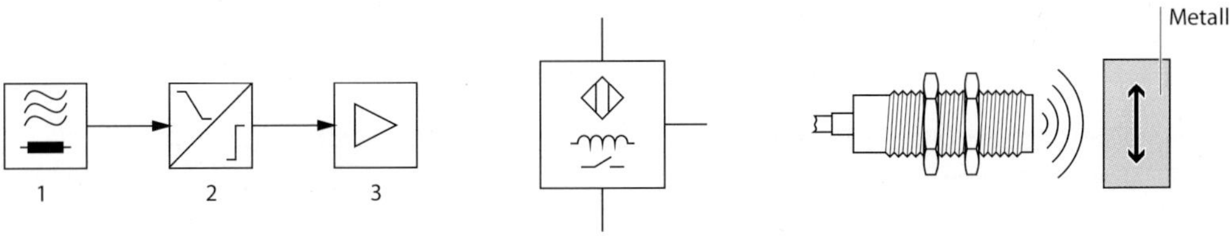

1 Schwingkreis; 2 Kippstufe; 3 Verstärker

Bild 10.8: Induktiver Näherungsschalter – Funktionsschaltplan, Symbol, Prinzipdarstellung

Kapazitive Näherungsschalter

Ein kapazitiver Näherungsschalter besteht aus einem Kondensator und einem elektrischen Widerstand, die zusammen einen RC-Schwingkreis bilden, sowie einer elektronischen Schaltung zur Auswertung der Schwingung. Zwischen der aktiven und der Masseelektrode des Kondensators wird ein elektrostatisches Feld aufgebaut. Auf der Stirnseite des Sensors bildet sich ein Streufeld. Wird ein Gegenstand in dieses Streufeld gebracht, so ändert sich die Kapazität des Kondensators.

Der Schwingkreis wird gedämpft. Die nachgeschaltete Elektronik betätigt den Ausgang.

Kapazitive Näherungsschalter reagieren nicht nur auf Materialien mit hoher elektrischer Leitfähigkeit (z. B. Metalle), sondern darüber hinaus auf alle Isolatoren mit großer Dielektrizitätskonstante, z. B. Kunststoffe, Glas, Keramik, Flüssigkeiten und Holz.

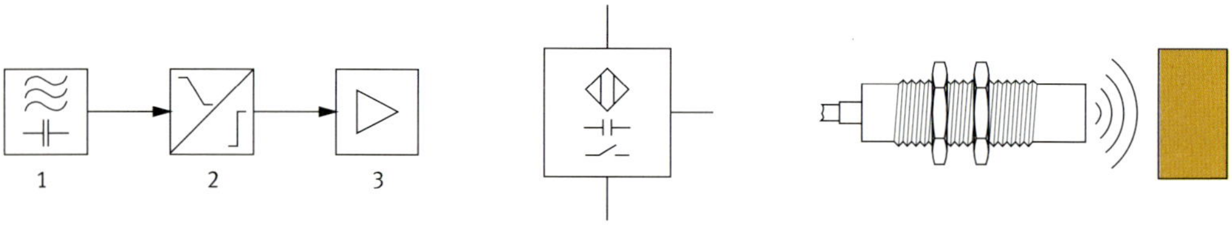

1 Schwingkreis; 2 Kippstufe; 3 Verstärker

Bild 10.9: Kapazitiver Näherungsschalter – Funktionsschaltplan, Symbol, Prinzipdarstellung

Optische Näherungsschalter

Optische Näherungsschalter setzen optische und elektronische Mittel zur Objekterkennung ein. Dazu wird rotes oder infrarotes Licht verwendet. Besonders zuverlässige Quellen für rotes und infrarotes Licht sind Halbleiter-Leuchtdioden (LEDs). Sie sind klein und robust, von langer Lebensdauer und einfach modulierbar. Als Empfangselemente werden Fotodioden oder Fototransistoren eingesetzt. Rotes Licht hat den Vorteil, dass es bei der Justierung der optischen Achsen der verwendeten Näherungsschalter mit bloßem Auge erkannt werden kann. Außerdem sind Polymerlichtleiter wegen ihrer geringen Dämpfung von Licht in diesem Wellenlängenbereich gut einsetzbar.

Man unterscheidet drei Arten von optischen Näherungsschaltern:

- Einweg-Lichtschranke
- Reflexions-Lichtschranke
- Reflexions-Lichttaster

Einweg-Lichtschranke

Die Einweg-Lichtschranke weist räumlich voneinander getrennte Sender- und Empfängereinheiten auf. Die Bauteile sind so montiert, dass der Sender direkt auf den Empfänger strahlt. Bei Unterbrechung des Lichtstrahls wird der Ausgang geschaltet.

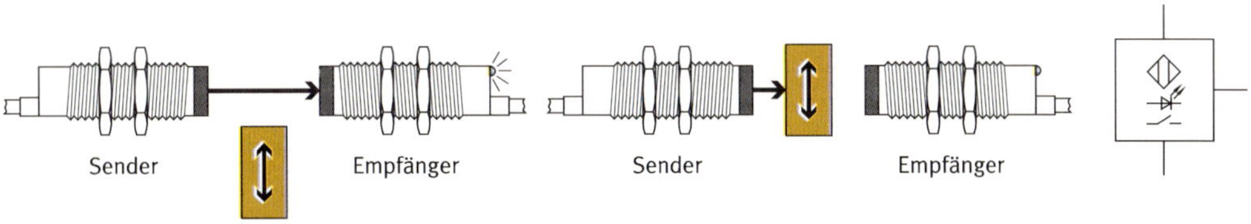

Bild 10.10: Einweg-Lichtschranke – Prinzipdarstellung, Symbol

Reflexions-Lichtschranke

Bei der Reflexions-Lichtschranke sind Sender und Empfänger nebeneinander in einem Gehäuse angeordnet. Der Reflektor wird so montiert, dass der vom Sender ausgesandte Lichtstrahl praktisch vollständig auf den Empfänger reflektiert wird. Bei Unterbrechung des Lichtstrahls wird der Ausgang geschaltet.

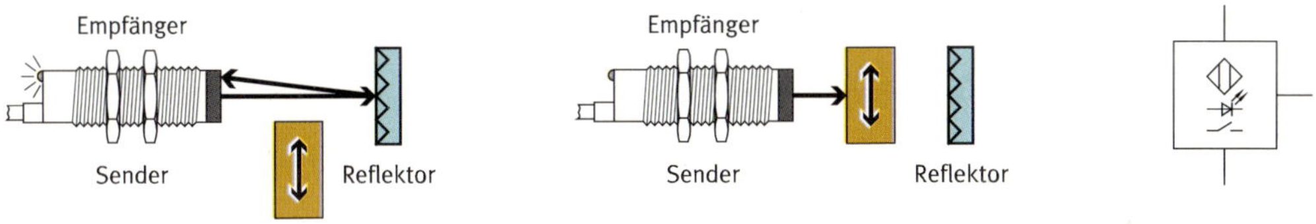

Bild 10.11: Reflexions-Lichtschranke – Prinzipdarstellung, Symbol

Reflexions-Lichttaster

Sender und Empfänger des Reflexions-Lichttasters sind nebeneinander in einem Bauteil angeordnet. Trifft das Licht auf einen reflektierenden Körper, so wird es zum Empfänger umgelenkt, und der Ausgang des Sensors wird geschaltet. Aufgrund des Funktionsprinzips kann ein Lichttaster nur dann eingesetzt werden, wenn das zu erkennende Werkstück bzw. Maschinenteil ein hohes Reflexionsvermögen (z. B. metallische Oberflächen, helle Farben) aufweist.

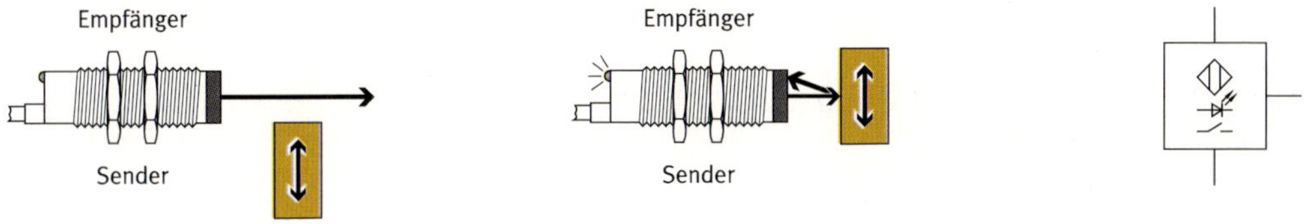

Bild 10.12: Reflexions-Lichttaster – Prinzipdarstellung, Symbol

Drucksensoren

Druckempfindliche Sensoren gibt es in unterschiedlichen Bauformen:

- Druckschalter mit mechanischem Kontakt (binäres Ausgangssignal)
- Druckschalter mit elektronischer Umschaltung (binäres Ausgangssignal)
- elektronische Drucksensoren mit analogem Ausgangssignal

Mechanische Druckschalter

Beim mechanisch arbeitenden Druckschalter wirkt der Druck auf eine Kolbenfläche. Übersteigt die vom Druck ausgeübte Kraft die Federkraft, so bewegt sich der Kolben und betätigt den Kontaktsatz.

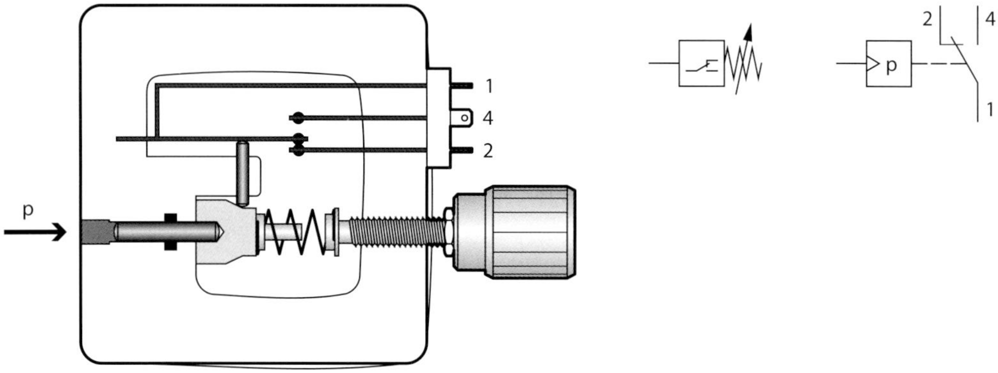

Bild 10.13: Kolbendruckschalter – Symbol nach DIN ISO 1219-1, Symbol nach DIN EN 60617-2 und Schnittbild

Elektronische Druckschalter

Eine wachsende Bedeutung haben Membrandruckschalter. Statt einen Kontakt mechanisch zu betätigen, wird der Ausgang elektronisch geschaltet. Dazu werden druck- oder kraftempfindliche Sensoren auf die Membran aufgebracht. Das Sensorsignal wird von einer elektronischen Schaltung ausgewertet. Sobald der Druck einen bestimmten Wert überschreitet, schaltet der Ausgang.

Analoge Drucksensoren

Im Folgenden werden der Aufbau und die Funktionsweise eines analogen Drucksensors erläutert.

Der elektrische Widerstand (1) der piezoresistiven Messzelle ändert seinen Wert, sobald ein Druck auf die Membran (3) wirkt. Über die Kontakte (2) ist der Widerstand mit der Auswerteelektronik verbunden, die das Ausgangssignal erzeugt.

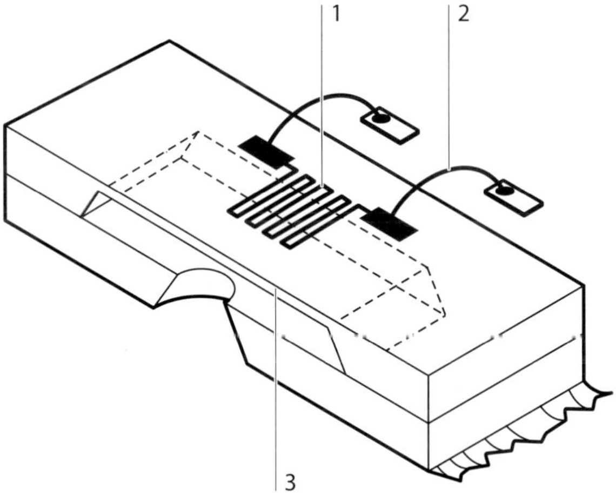

1 Eindiffundierte Widerstände
2 Kontakte
3 Membran

Bild 10.14: Messzelle eines Drucksensors

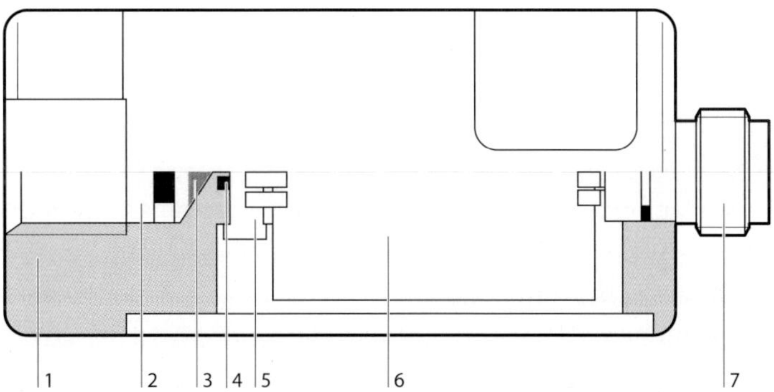

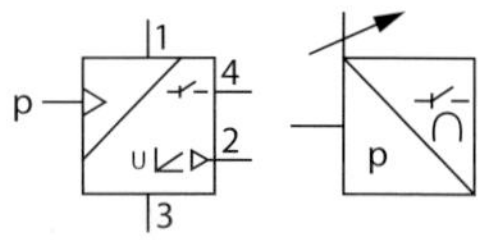

1 Gehäuse
2 Blende
3 Sil-Gel
4 O-Ring
5 Messzelle
6 Verstärker
7 Anschlussstecker

Bild 10.15: Drucksensor – Symbol und Schnittbild

Die Sensorkennlinie stellt den Zusammenhang zwischen dem Druck und dem elektrischen Ausgangssignal dar. Ein wachsender Druck hat eine wachsende elektrische Spannung am Sensorausgang zur Folge. Ein Druck von 1 bar erzeugt eine Ausgangsspannung von 1 V, ein Druck von 2 bar eine Ausgangsspannung von 2 V usw.

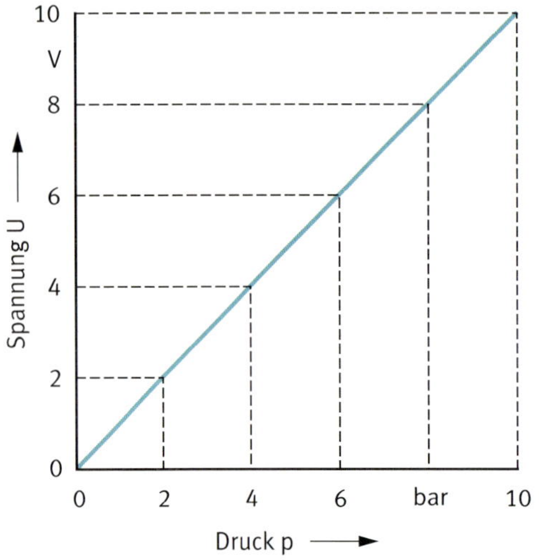

Bild 10.16: Kennlinie eines analogen Drucksensors

10.4 Relais und Schütze

10.4.1 Aufbau eines Relais

Ein Relais ist ein elektromagnetisch betätigter Schalter. Beim Anlegen einer Spannung an die Spule des Elektromagneten entsteht ein elektromagnetisches Feld. Dadurch wird der bewegliche Anker zum Spulenkern hingezogen. Der Anker wirkt auf die Kontakte des Relais, die je nach Anordnung geöffnet oder geschlossen werden. Wird der Stromfluss durch die Spule unterbrochen, bewirkt eine Feder die Rückstellung des Ankers in die Ausgangsstellung.

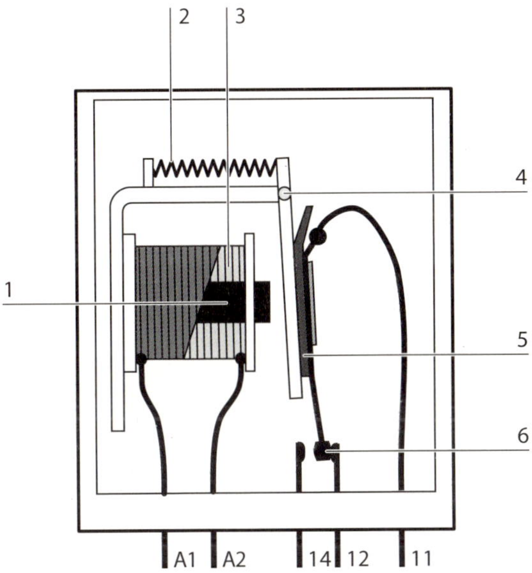

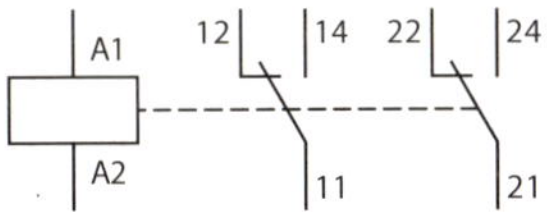

1 Spulenkern
2 Rückstellfeder
3 Relaisspule
4 Anker
5 Isolierung
6 Kontakt

Bild 10.17: Relais – Symbol und Schnittbild

Von einer Relaisspule können ein oder mehrere Kontakte geschaltet werden. Neben dem oben beschriebenen Relaistyp gibt es weitere Bauformen elektromagnetisch betätigter Schalter, z. B. das Remanenzrelais, das Zeitrelais und das Schütz.

10.4.2 Anwendungen von Relais

In elektropneumatischen Steuerungen werden Relais für folgende Funktionen eingesetzt:

- zur Signalvervielfachung
- zum Verzögern und Wandeln von Signalen
- zum Verknüpfen von Informationen
- zum Trennen von Steuer- und Hauptstromkreis

In rein elektrischen Steuerungen werden Relais zusätzlich zur Trennung von Gleich- und Wechselstromkreisen verwendet.

10.4.3 Remanenzrelais

Das Remanenzrelais reagiert auf Stromimpulse.

- Bei einem positiven Impuls zieht der Anker des Relais an.
- Bei einem negativen Impuls fällt der Anker ab.
- Liegt kein Eingangssignal an, wird die einmal eingenommene Schaltstellung beibehalten.

Das Verhalten eines Remanenzrelais gleicht dem eines pneumatischen Impulsventils, das auf Druckimpulse reagiert.

10.4.4 Zeitrelais

Bei Zeitrelais unterscheidet man zwischen anzugs- und abfallverzögerten Relais. Beim anzugsverzögerten Relais zieht der Anker um die Zeitspanne verzögert an, das Abfallen erfolgt verzögerungsfrei. Beim abfallverzögerten Relais ist es umgekehrt. Entsprechend schalten die Kontakte. Die Verzögerungszeit t_V kann eingestellt werden.

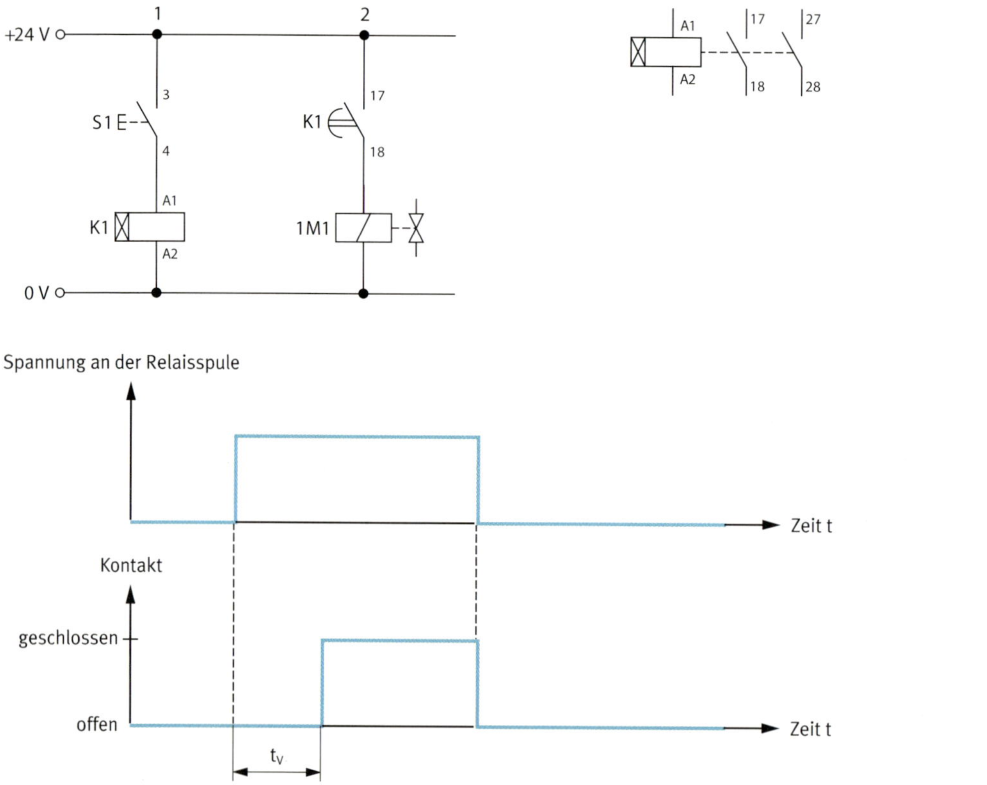

Bild 10.18: Anzugsverzögertes Relais – Symbol, Darstellung im Schaltplan und Signalverhalten

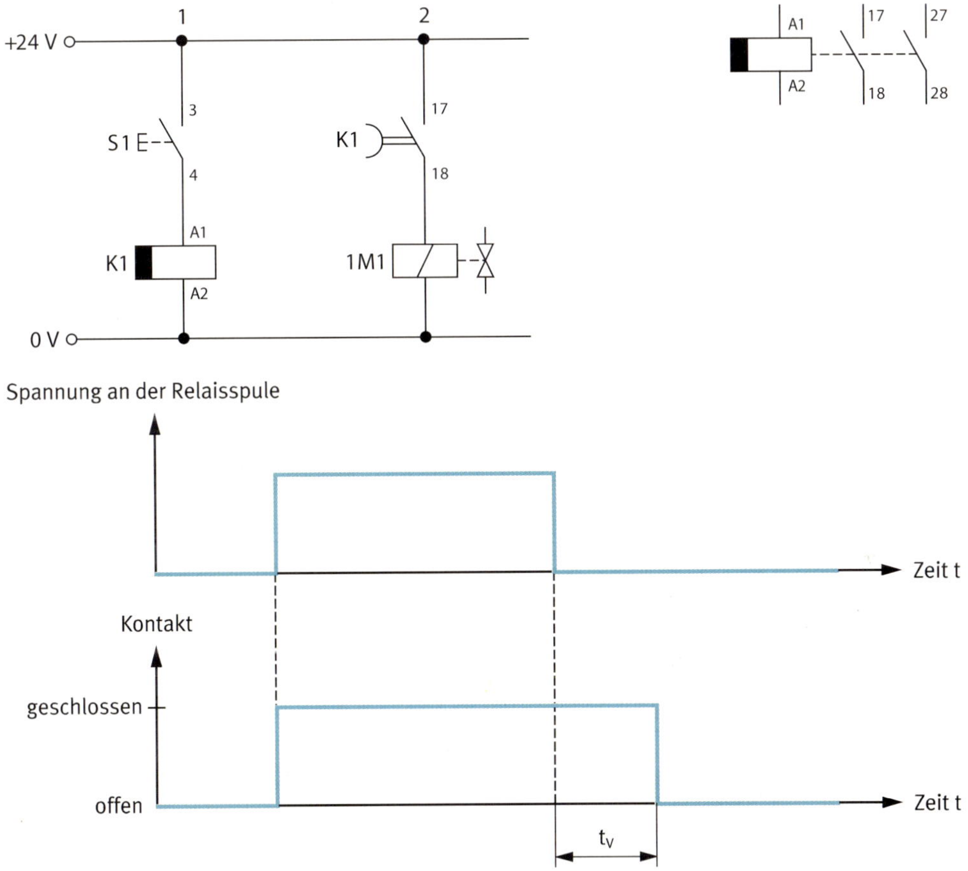

Bild 10.19: Abfallverzögertes Relais – Symbol, Darstellung im Schaltplan und Signalverhalten

10.4.5 Aufbau eines Schützes

Schütze arbeiten nach dem gleichen Prinzip wie Relais. Typische Merkmale eines Schützes sind:

- Doppelunterbrechung (je Kontakt zwei Unterbrechungsstellen)
- zwangsgeführte Kontakte
- geschlossene Kammern (Lichtbogenlöschkammern)

Durch diese konstruktiven Besonderheiten können mit Schützen höhere Ströme geschaltet werden als mit Relais.

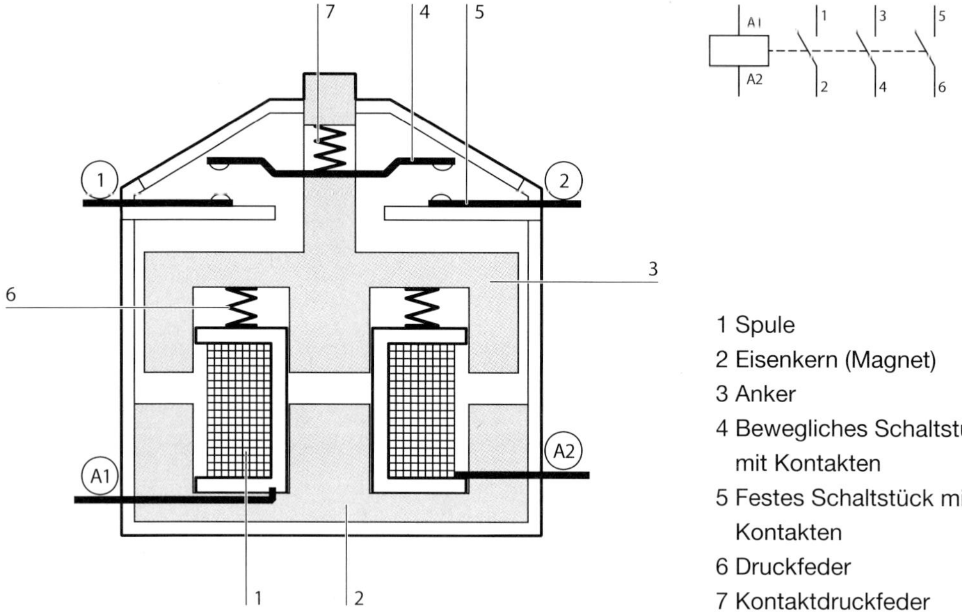

1 Spule
2 Eisenkern (Magnet)
3 Anker
4 Bewegliches Schaltstück mit Kontakten
5 Festes Schaltstück mit Kontakten
6 Druckfeder
7 Kontaktdruckfeder

Bild 10.20: Schütz – Symbol und Schnittbild

Ein Schütz besitzt mehrere Schaltglieder, üblich sind vier bis zehn Kontakte. Bei Schützen gibt es ebenso wie bei Relais verschiedene Bauarten mit Kombinationen von Öffnern, Schließern, Spätöffnern usw. Bei den Kontakten unterscheidet man Haupt- und Hilfsschaltglieder. Schütze, die nur Hilfsschaltglieder (Steuerkontakte) schalten, nennt man Hilfsschütze. Schütze mit Haupt- und Hilfsschaltgliedern werden als Haupt- oder Leistungsschütze bezeichnet.

Anwendungen von Schützen

Schütze werden für folgende Anwendungen eingesetzt:

- Leistungen von 4 bis 30 kW werden über die Hauptschaltglieder von Leistungsschützen geschaltet.
- Steuerfunktionen und logische Verknüpfungen werden über Hilfsschaltglieder geschaltet.

Bei elektropneumatischen Steuerungen sind die elektrischen Ströme und Leistungen gering. Sie können deshalb mit Hilfsschützen aufgebaut werden. Haupt- oder Leistungsschütze sind nicht erforderlich.

10.5 Kleinsteuerungen

Die erste Speicherprogrammierbare Steuerung (SPS) wurde 1968 von einer Gruppe von Ingenieuren der Firma General Motors entwickelt, als die Firma nach einem Ersatz für aufwändige Relaissteuerungen suchte.

An das neue Steuerungssystem wurden folgende Anforderungen gestellt:
- Einfache Programmierung
- Änderungen des Programms ohne Eingriff in das System (kein internes Umverdrahten)
- Kleiner, billiger und sicherer als entsprechende Relaissteuerungen
- Einfache und kostengünstige Wartung

Heute werden diese Anforderungen auch von Kleinsteuerungen voll erfüllt. Diese eignen sich für einfache Schalt- und Steuerungsaufgaben. Hier reichen häufig wenige Ein- und Ausgänge aus, um einen Prozess schnell und sicher zu automatisieren.

Die Hauptbaugruppen sind
- der Eingangsbaustein,
- die Zentraleinheit und
- der Ausgabebaustein.

Der Eingangsbaustein hat die Aufgabe, die von außen kommenden Signale in für die SPS verarbeitbare Signale umzuformen und diese an die Zentraleinheit weiterzugeben. Die umgekehrte Aufgabe erfüllt der Ausgangsbaustein. Er wandelt die SPS-Signale in für die Antriebe nutzbare Signale um. Die eigentliche Verarbeitung der Signale erfolgt in der Zentraleinheit nach dem im Speicher abgelegten Programm.

Der entscheidende Vorteil gegenüber Relaissteuerungen ist, dass Änderungen und Erweiterungen in Steuerungen sich ohne aufwändiges Ändern der Verdrahtung einfach durch eine Programmänderung bzw. Programmerweiterung in der Kleinsteuerung lösen lassen.

In den folgenden Bildern werden Steuerungen dargestellt, die den Übergang von rein pneumatischen Steuerungen über Relaissteuerungen hin zum Einsatz von Kleinsteuerungen zeigen.

Ablaufbeschreibung Dauerzyklus

1. Ist der Endschalter 1B1 betätigt UND der Stellschalter 1S1 wird betätigt, schaltet das 5/2-Wegeventil um und die Kolbenstange des Zylinders 1A1 fährt aus.
2. In der vorderen Endlage betätigt die Kolbenstange des Zylinders 1A1 den Endschalter 1B2. Das 5/2-Wegeventil schaltet zurück und die Kolbenstange des Zylinders 1A1 fährt ein.
3. Der Ablauf wiederholt sich, bis der Stellschalter 1S1 zurückgeschaltet wird.

Ablaufbeschreibung Einzelzyklus

1. Ist der Endschalter 1B1 betätigt UND der Tastschalter 1S2 wird kurzzeitig betätigt, schaltet das 5/2-Wegeventil um und die Kolbenstange des Zylinders 1A1 fährt aus.
2. In der vorderen Endlage betätigt die Kolbenstange des Zylinders 1A1 den Endschalter 1B2. Das 5/2-Wegeventil schaltet zurück und die Kolbenstange des Zylinders 1A1 fährt ein.

In Bild 10.21 ist die rein pneumatische Lösung des geforderten Ablaufs dargestellt.

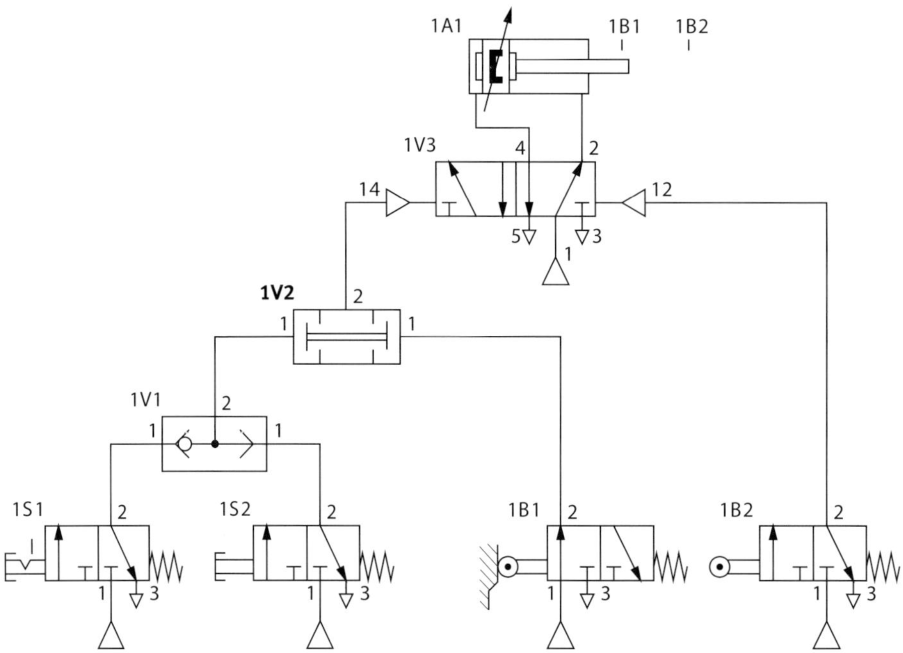

Bild 10.21: Pneumatischer Schaltplan – pneumatische Steuerung

In Bild 10.22 wird der vorgegebene Ablauf mit einem 5/2-Wege-Magnetimpulsventil und einer Relaissteuerung realisiert.

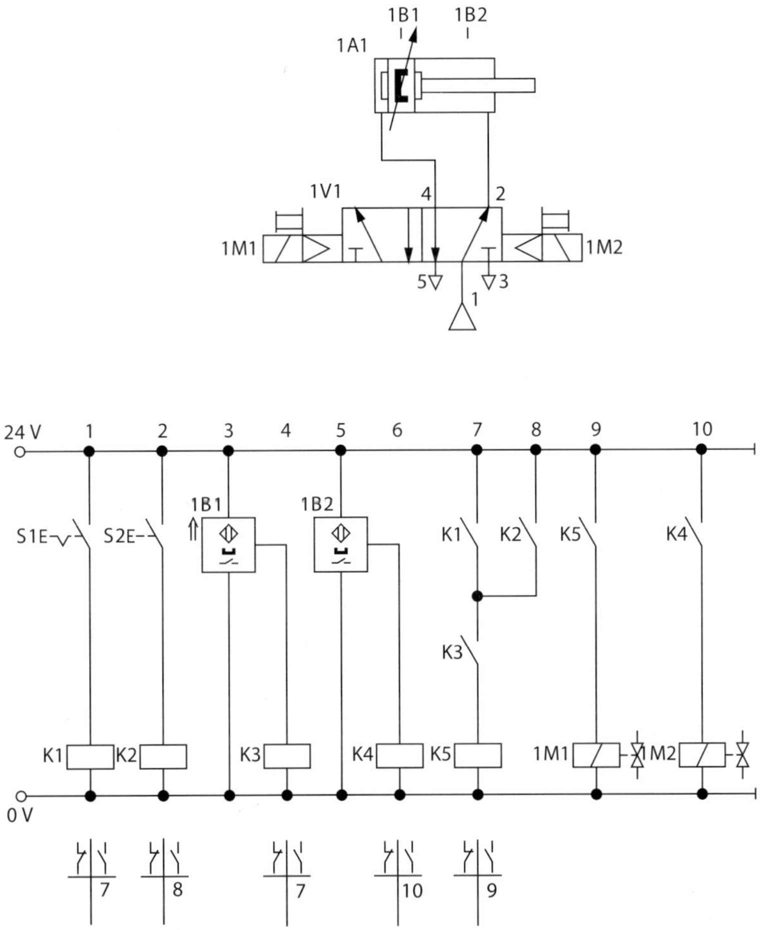

Bild 10.22: Pneumatischer und elektrischer Schaltplan – Steuerung mit Relais

In Bild 10.23 wird der Ablauf durch eine Kleinsteuerung gesteuert. In Bild 10.24 ist das zugehörige Logikprogramm dargestellt.

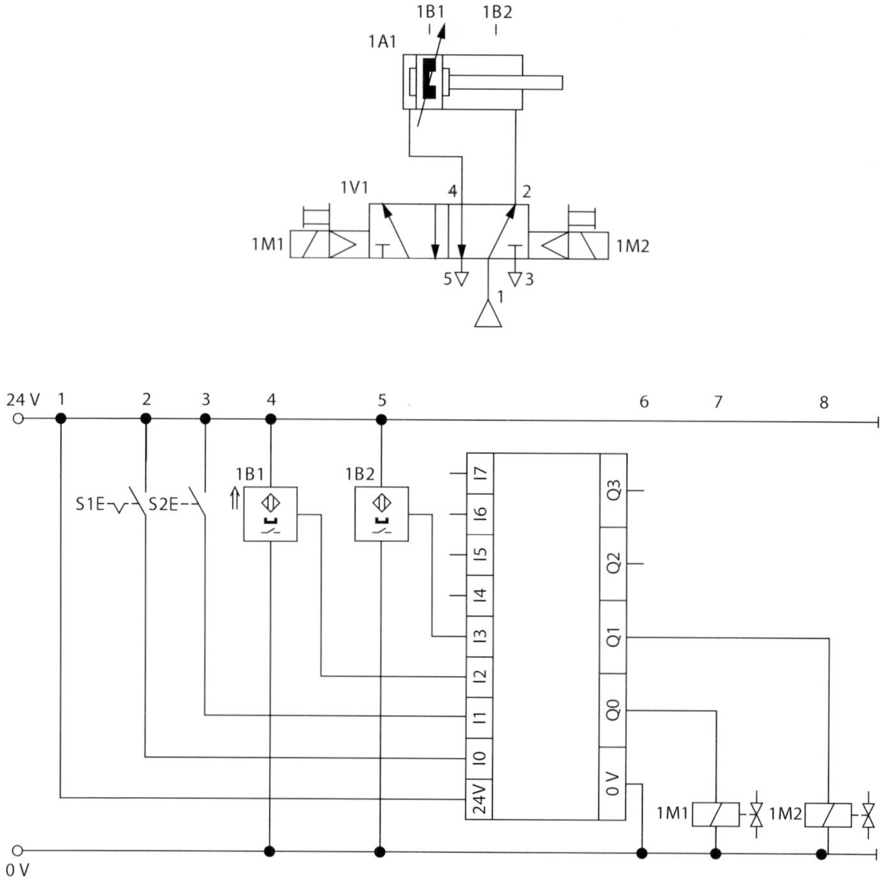

Bild 10.23: Pneumatischer und elektrischer Schaltplan – Steuerung mit Kleinsteuerung

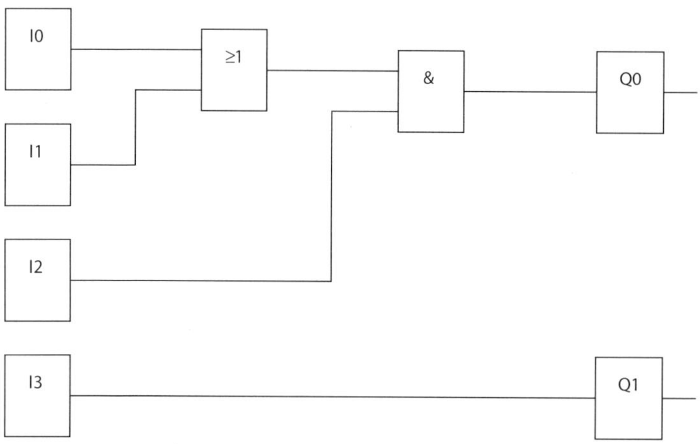

Bild 10.24: Logikprogramm für den beschriebenen Ablauf

11 Arbeitsablaufbeschreibungen

11.1 Funktionsdiagramme von Arbeitsmaschinen und Fertigungsanlagen

Das Funktionsdiagramm soll die Planung, die Konstruktion und die Erstellung der Steuerung von Arbeitsmaschinen und Fertigungsanlagen erleichtern. Es ist unabhängig von der Steuerungsart und der eingesetzten Technik.

Außerdem kann das Funktionsdiagramm als Hilfsmittel bei der Fehlersuche im Störungsfall eingesetzt werden. Die Darstellungsgrundsätze und Sinnbilder sollten in allen Fällen gleich sein, damit das Lesen und Verstehen von Darstellungen verschiedener Herkunft (international) ohne weiteres möglich ist und Verwechslungen ausgeschlossen sind. Es genügt oft die einfachste Darstellungsart, die den Arbeitsablauf eindeutig beschreibt.

Hinweis
Funktionsdiagramme, Verknüpfungszeichen und Wirkungslinien waren in den VDI-Richtlinien 3226 und 3260 empfohlen. Diese VDI-Richtlinien sind seit 1992 bzw. 1994 nicht mehr gültig. Sie wurden ersetzt durch die Norm DIN 40 719 Teil 6 „Schaltungsunterlagen, Regeln für Funktionspläne".
Diese Norm wiederum ist ebenfalls nicht mehr gültig, ihr letzter Gültigkeitstag war der 31. März 2005. Die Nachfolgenorm heißt GRAFCET und ist europaweit gültig. Sie hat die Bezeichnung EN 60848.
Da Funktionsdiagramme in der Industrie ein weit verbreitetes Mittel zur Darstellung von Bewegungsabläufen sind, wird an dieser Stelle kurz darauf eingegangen.

11.1.1 Geltungsbereich des Funktionsdiagramms

Funktionsdiagramme werden angewendet für die Darstellung von Funktionsfolgen in mechanischen, pneumatischen, hydraulischen, elektrischen und elektronischen Steuerungen sowie für Kombinationen aus diesen Steuerungsarten, z. B. elektro-pneumatische, elektro-hydraulische usw.

Funktionsdiagramme bestehen aus dem Bewegungsdiagramm und dem Steuerdiagramm. Das Bewegungsdiagramm kann ein Weg-Schritt- oder ein Weg-Zeit-Diagramm sein. Im Folgenden wird nur das Weg-Schritt-Diagramm behandelt.

11.1.2 Weg-Schritt-Diagramm

Die Bewegungen (Arbeitswege, Hübe) der Kolbenstangen der Zylinder 1A1 und 2A1 vom Ablaufzustand 1 zum Ablaufzustand 2 einerseits und vom Ablaufzustand 2 zum Ablaufzustand 3 werden grafisch durch Funktionslinien (Bewegungslinien) dargestellt (Bild 11.1).

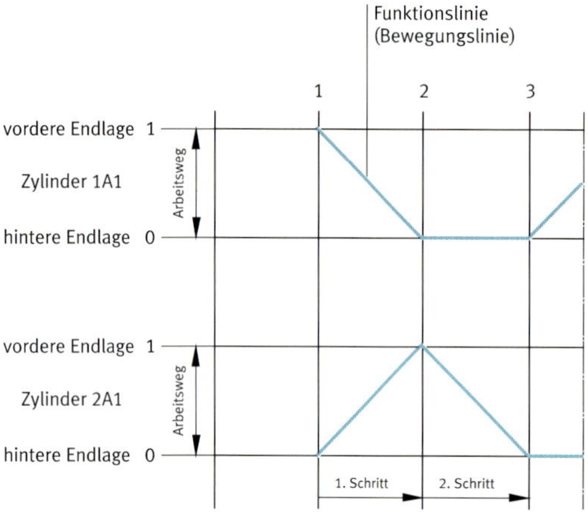

Bild 11.1: Weg-Schritt-Diagramm für die Bewegungen der Zylinder 1A1 und 2A1

Neben den Funktionslinien können in das Weg-Schritt-Diagramm zusätzlich auch Signallinien eingezeichnet werden. Die Signallinie hat ihren Ausgang am Signalelement und ihr Ende an der Stelle, wo abhängig von diesem Signal eine Zustandsänderung eingeleitet wird. Pfeile an den Signallinien markieren die Signalflussrichtung.

Funktion	Symbol
ODER-Verknüpfung	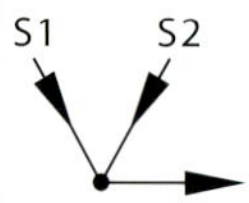
UND-Verknüpfung	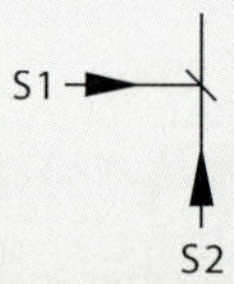
Signalverzweigung	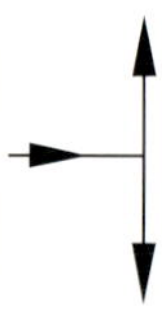

Funktion	Symbol
Signalglied EIN	
Signalglied Grenztaster	

Tabelle 11.1: Darstellung von Signallinien und Eingabegliedern

Die Bezeichnungen der einzelnen Eingabeglieder werden an den Ausgangspunkt der jeweiligen Signallinie geschrieben.

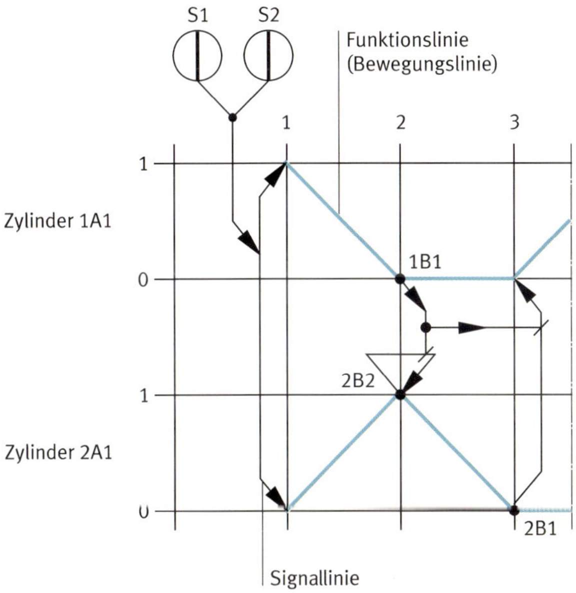

Bild 11.2: Weg-Schritt-Diagramm mit Signallinien

11.2 Ablaufbeschreibung durch GRAFCET nach EN 60848

Ein GRAFCET beschreibt im Wesentlichen zwei Aspekte einer Steuerung nach festgelegten Regeln:

- die auszuführenden Aktionen (Befehle),
- den Ablauf der Ausführung.

Ein GRAFCET – man spricht auch von einem GRAFCET-Plan – ist deshalb in zwei Teile gegliedert. Die Struktur zeigt den zeitlichen Ablauf des Prozesses. Hierbei ist der Prozess in aufeinanderfolgende Schritte gegliedert.

Die Struktur beschreibt nicht, welche Aktionen im Einzelnen auszuführen sind. Diese sind im Aktions- oder Wirkungsteil enthalten. Für das betrachtete Beispiel sind dies die Blöcke auf der rechten Seite der Schritte sowie die Übergangsbedingungen zwischen den Schritten.

11.2.1 Das Grundprinzip eines GRAFCET

1. Abläufe werden unterteilt in
   - Schritte und
   - Transitionen,

   die sich abwechseln.
2. Immer nur ein Schritt ist aktiv.
3. An die Schritte können beliebig viele Aktionen angeschlossen werden.
4. Abläufe können verzweigt und wieder zusammengeführt werden als
   - Alternativ-Verzweigung oder
   - Parallel-Verzweigung.

   Dabei ist Schritt 1 zu beachten!

11.2.2 Schritte

Die Abläufe werden in Schritte unterteilt. Jeder Schritt wird als Kästchen dargestellt, wobei das Quadrat dem Rechteck vorzuziehen ist. In der oberen Mitte des Schrittfeldes muss eine alphanumerische Kennzeichnung stehen.

Bild 11.3: Beispiele für Schritte

Startschritt

Zu jeder Schrittkette gehört ein Startschritt. Es ist die Grundstellung der Steuerung, der Schritt, in dem die Steuerung (nicht die Maschine!) unmittelbar nach dem Einschalten der Steuerung steht. Er ist erkennbar am doppelten Rahmen.

Bild 11.4: Beispiel für einen Startschritt

11.2.3 Übergangsbedingung

Eine Transition ist die Verbindung von einem Schritt zum nächsten. Sie wird auch als Übergang bezeichnet. Dargestellt wird eine Transition durch eine senkrechte Linie, welche die Schritte miteinander verbindet.

Ausnahme

Im Falle eines Rücksprungs darf die Transition auch auf einer waagrechten Wirklinie liegen, wenn es die Übersichtlichkeit erfordert.

Wichtigste Regel

Um einen fehlerfreien Ablauf zu erstellen, müssen sich Schritte und Transitionen immer abwechseln!

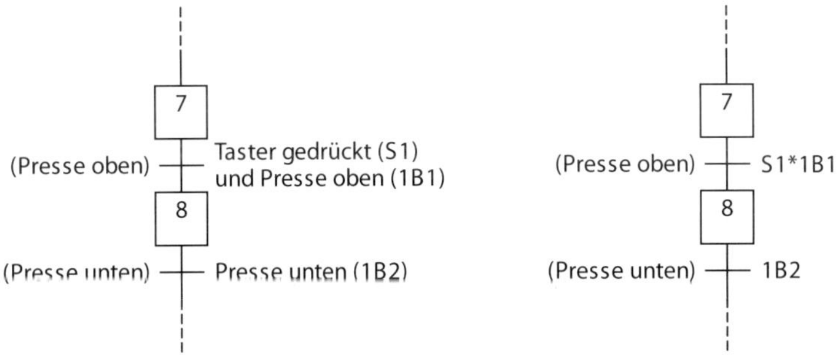

Bild 11.5: Beispiele für Transitionsbedingungen

Die Weiterschaltbedingung steht auf der rechten Seite der Transition. Die Transition darf mit einem Transitionsnamen versehen werden. Um Verwechslungen zu vermeiden, ist er links anzuordnen und muss in Klammern stehen.

Beachten Sie:

Der Punkt bzw. das dafür verwendete Sternchen (Asteriskus) beschreibt eine UND-Verknüpfung, das Plus-Zeichen beschreibt eine ODER-Verknüpfung. Negationen werden mit einem Strich über dem Variablennamen dargestellt.

Soll nach Ablauf einer festgelegten Zeit in den nächsten Schritt weitergeschaltet werden, so wird eine zeitabhängige Transitionsbedingung verwendet. Die Transitionsbedingung enthält die Zeit und den Zustand des aktiven Schrittes, beide getrennt durch einen Schrägstrich.

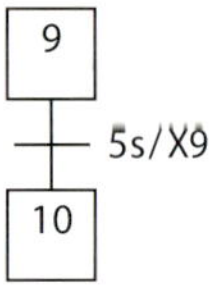

Bild 11.6: Beispiel einer zeitbegrenzten Ausführung eines Schrittes

Im abgebildeten Beispiel ist X9 die Schrittvariable von Schritt 9, sie stellt den booleschen Zustand von Schritt 9 dar. Nach Ablauf von 5 s wird in den Schritt 10 weitergeschaltet.

11.2.4 Aktionen

An einen Schritt kann eine oder mehrere Aktionen angehängt werden. Eine Aktion wird als Rechteck mit beliebigem Seitenverhältnis dargestellt. Unterschiedliche Verhaltensweisen der Aktionen werden mit unterschiedlichen Zusätzen dargestellt. Die Reihenfolge der Darstellung ist keine zeitliche Reihenfolge!

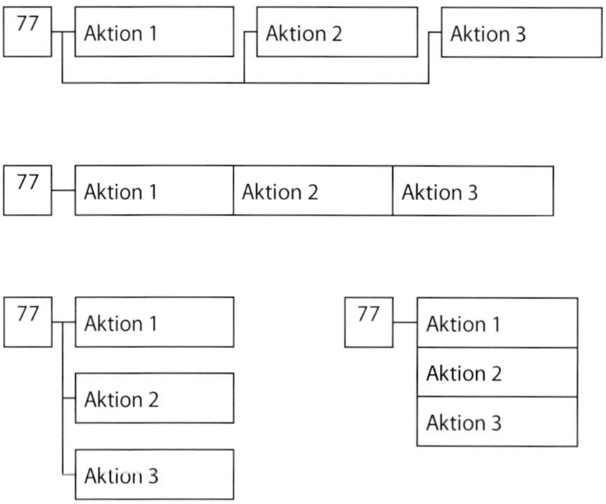

Bild 11.7: Beispiele zur Darstellung eines Schrittes mit mehreren Aktionen

Aktionen unterscheiden sich in der Art ihrer Ausführung. Es können zwei Aktionsarten unterschieden werden:

1. **kontinuierlich wirkende Aktionen**
   Diese werden über einen bestimmten Zeitraum ausgeführt. Endet der Zeitraum, wird die Aktion automatisch zurückgenommen.
2. **speichernde Aktionen**
   Diese werden zu einem bestimmten Zeitpunkt einmal ausgeführt. Dazu ist die präzise Angabe des Zeitpunkts unumgänglich! Zur Rücknahme des Befehls bedarf es eines weiteren Befehls.

Aktionsart	**Kommentar**	**Beispiel**
Kontinuierlich wirkende Aktion	Kontinuierlich wirkende Aktion bedeutet: Solange der zugehörige Schritt aktiv ist, wird der angegebenen Variablen der Wert 1, also TRUE, zugewiesen. Ist der Schritt nicht mehr aktiv, wird der Variablen der Wert 0, also FALSE, zugewiesen.	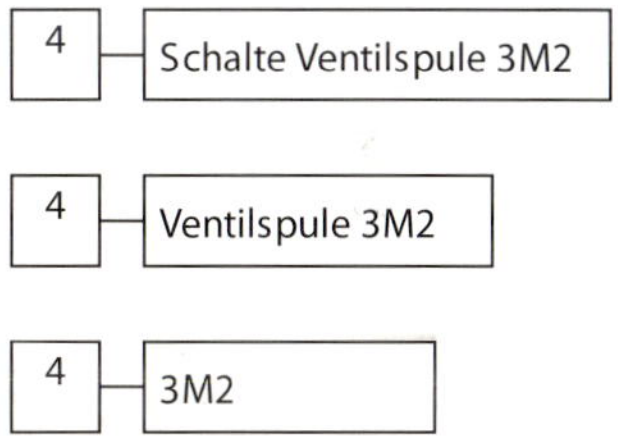
Kontinuierlich wirkende Aktion mit Zuweisungsbedingung	Der in der Aktion beschriebenen Variablen wird nur dann der Wert 1 (TRUE) zugewiesen, wenn die Zuweisungsbedingung (im Beispiel 1B2) erfüllt ist (TRUE). Andernfalls wird der Variablen der Wert 0 (FALSE) zugewiesen, auch wenn der Schritt (im Beispiel Schritt 3) aktiv ist.	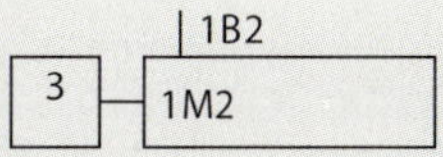
Kontinuierlich wirkende Aktion mit zeitabhängiger Zuweisungsbedingung	Die links der Variablen stehende Zeit wird durch die steigende Flanke der Variablen gestartet. Nach Ablauf der Zeit wird die Aktion ausgeführt. Das Verhalten entspricht einer Einschaltverzögerung.	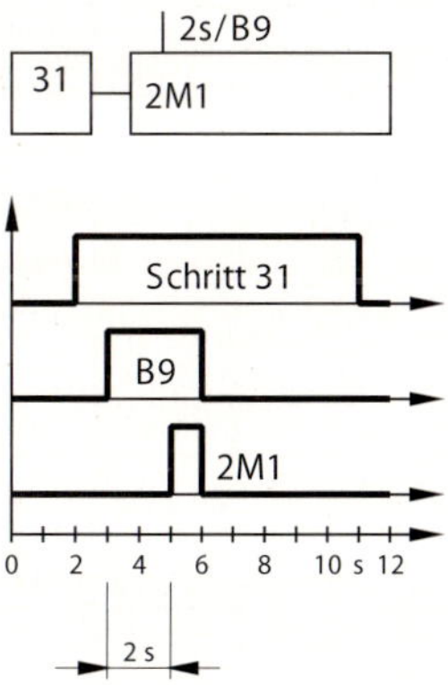

Tabelle 11.2: Kontinuierlich wirkende Aktionen

Aktionsart	Kommentar	Beispiel
Verzögerte kontinuierlich wirkende Aktion	Soll eine Aktion zeitverzögert ausgeführt werden, so kann die kontinuierlich wirkende Aktion mit Zuweisungsbedingung mit einer Zeit erweitert werden. Als Zuweisungsbedingung werden die Zeit und die Schrittvariable des aktiven Schrittes angegeben. Erst nach Ablauf der spezifizierten Zeit ist die Zuweisungsbedingung erfüllt und die in der Aktion angegebene Variable erhält den Wert 1.	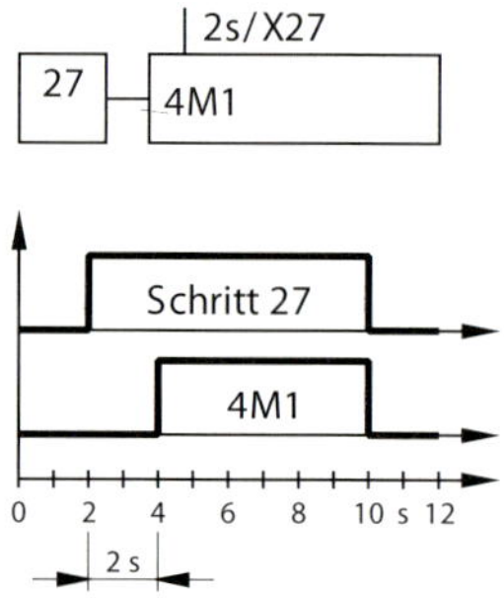
Zeitbegrenzte kontinuierlich wirkende Aktion	Die zeitbegrenzte Aktion ergibt sich durch Negation der Bedingung der zeitverzögerten Aktion.	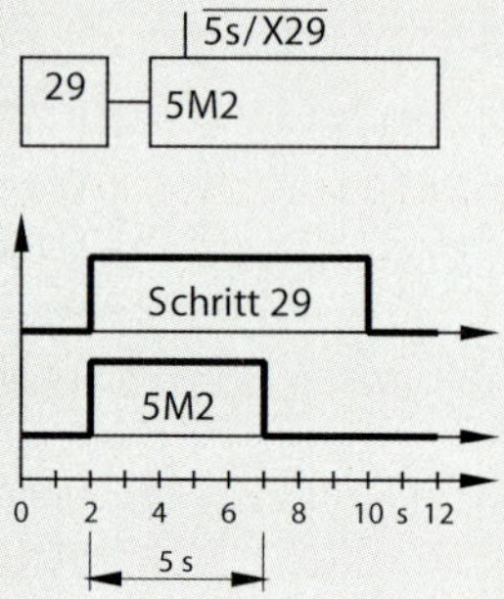

Tabelle 11.3: Kontinuierlich wirkende Aktionen (Fortsetzung)

Aktionsart	Kommentar	Beispiel
Speichernd wirkende Aktion bei Aktivierung des Schrittes	Zu dem Zeitpunkt, in dem der zugehörige Schritt aktiv wird, wird der Variablen der in der Aktion angegebene Wert zugewiesen. Der Wert der Variablen bleibt so lange gespeichert, bis er durch eine andere Aktion überschrieben wird. Da die Zuweisung des Wertes bei Aktivierung des Schrittes, also bei Vorliegen einer steigenden Signalflanke der Schrittvariablen, ausgeführt wird, ist die Aktion durch einen Pfeil nach oben gekennzeichnet.	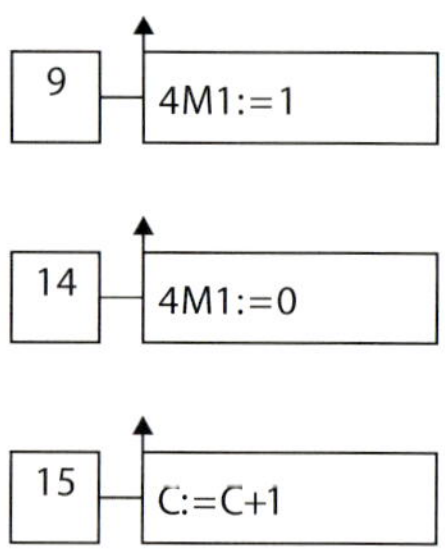

Tabelle 11.4: Speichernd wirkende Aktionen

Aktionsart	Kommentar	Beispiel
Speichernd wirkende Aktion bei Deaktivierung des Schrittes	Zum Zeitpunkt der Deaktivierung des Schrittes wird der Variablen der Wert zugewiesen, der in der Aktion angegeben ist. Der Wert für die Variable bleibt so lange gespeichert, bis er durch eine andere Aktion überschrieben wird. Da die Zuweisung des Wertes bei Deaktivierung des Schrittes, also bei Vorliegen einer fallenden Signalflanke der Schrittvariablen, ausgeführt wird, ist die Aktion durch einen Pfeil nach unten gekennzeichnet.	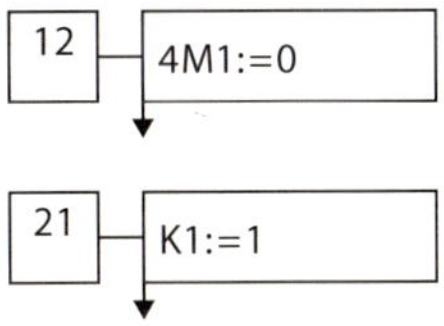
Speichernd wirkende Aktion bei Ereignis	Der in der Aktion beschriebenen Variablen wird nur dann der angegebene Wert zugewiesen, wenn der Schritt aktiv ist und für den Ausdruck, der die Ereignisse darstellt, eine steigende Flanke auftritt. Das Symbol, welches wie ein Fähnchen aussieht, ist ein Pfeil, der zur Seite zeigt. Er symbolisiert, dass die Aktion erst bei Eintreten eines Ereignisses speichernd ausgeführt wird. Der nach oben gerichtete Pfeil zeigt an, dass die Aktion bei steigender Flanke des Ereignisses ausgeführt wird.	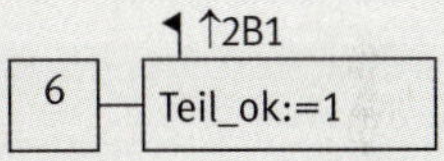
Verzögert speichernde Aktion	Wird als Ereignis, das den Speichervorgang auslöst, eine Zeit definiert, ergibt sich eine verzögert speichernde Aktion. Der Pfeil nach oben an der Variablen beschreibt die steigende Flanke, also das Erreichen der angegebenen Zeit.	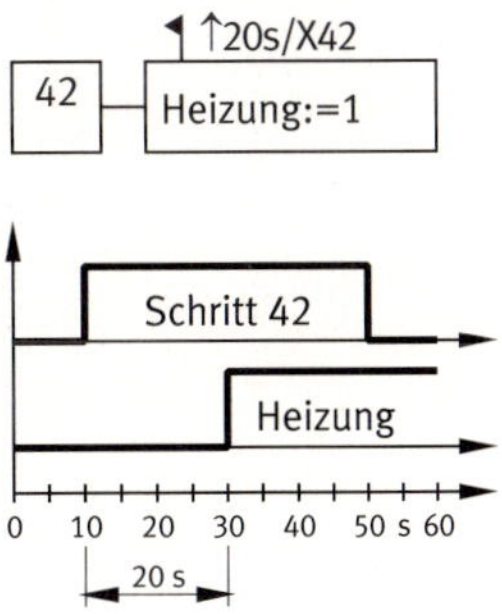

Tabelle 11.5: Speichernd wirkende Aktionen (Fortsetzung)

11.2.5 Ablaufauswahl

Alternative Verzweigung

Bietet ein Ablauf mehrere alternative Möglichkeiten, so wird dies durch einfache Verzweigungen dargestellt. Ein Ablauf kann sich in beliebig viele Alternativabläufe verzweigen. Für jede Alternative gibt es eine eigene Weiterschaltbedingung. Diese müssen so eindeutig beschrieben werden, dass niemals mehrere Bedingungen gleichzeitig erfüllt sein können (gegenseitige Verriegelung).

Nachdem die einzelnen Alternativzweige mit je einer eigenen Transition abgeschlossen sind, führt eine einfache Zusammenführung direkt in den nächsten Schritt.

Parallele Verzweigung

Bei der parallelen Verzweigung führt das Erfülltsein einer Transitionsbedingung zur gleichzeitigen Aktivierung von mehreren Teilabläufen. Die Teilabläufe werden gleichzeitig gestartet, aber unabhängig voneinander bearbeitet.

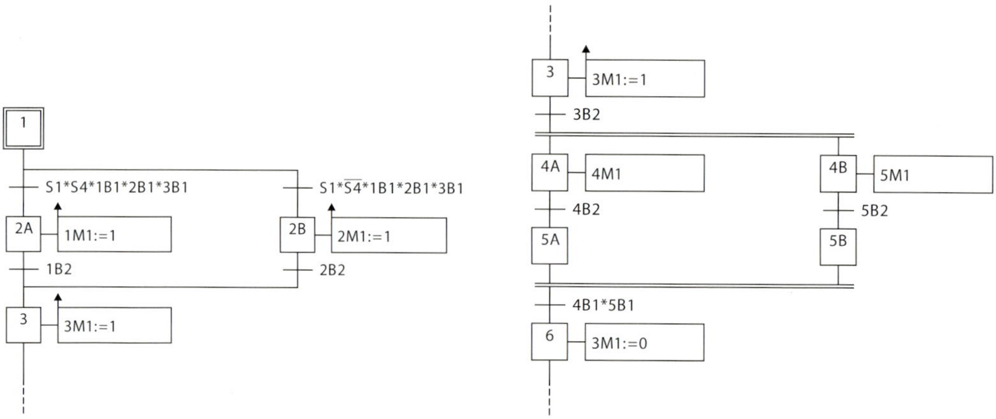

Bild 11.8: Verzweigungen; links: Beispiel einer alternativen Verzweigung, rechts: Beispiel einer parallelen Verzweigung

Die Zusammenführung der Teilketten wird synchronisiert. Erst wenn alle parallelen Teilabläufe ganz bearbeitet sind, darf ein Übergang auf den Schritt unterhalb der Doppellinie – hier im Beispiel auf Schritt 6 – erfolgen. Dazu muss unbedingt eine gemeinsame Transition erfüllt sein.

11.2.6 Rückführungen und Sprünge

Abläufe werden üblicherweise zyklisch durchlaufen, sie stellen also eine Schleife dar. Um die Schleifenstruktur darzustellen, muss eine Linie von unten nach oben verlaufen. Da diese Richtung der üblichen Richtung eines Ablaufs von oben nach unten entgegengesetzt ist, muss ein Pfeil angebracht werden.

Bild 11.9: Beispiel zu einer Rückführung in einer Ablaufstruktur

11.2.7 Strukturierung von GRAFCETs

Die beschriebenen Elemente reichen aus, um Abläufe ohne Hierarchieebenen exakt und präzise zu beschreiben. Die Norm bietet noch die zur Strukturierung der Hierarchie erforderlichen Elemente an.

Hierarchieebenen sind notwendig für exakt definierte Grob-Fein-Strukturen des Steuerungsverhaltens, für Betriebsarten und für die NOT-AUS Funktion von komplexen Steuerungen.

Wird mit unterschiedlichen Hierarchieebenen gearbeitet, so wird ein GRAFCET in mehrere Teile zerlegt. Die Teile werden als Teil-GRAFCET bezeichnet. Sie erhalten einen Namen. Dem Namen vorangestellt ist ein G.

Die wesentlichen Elemente zur Strukturierung sind:
- zwangssteuernde Befehle
- einschließende Schritte
- Makroschritte

Die Strukturierungselemente werden in diesem Kapitel nicht beschrieben.

11.2.8 Beispiel Nutenfräsvorrichtung

Funktionsbeschreibung

In Holzplatten werden U-förmige Nuten gefräst. Der doppeltwirkende Zylinder 1A1 bewirkt den Vorschub für die Längsnuten. Der doppeltwirkende Zylinder 2A1 bewirkt den Vorschub für die Quernuten. Die Endlagen der beiden Zylinder werden durch Näherungsschalter abgefragt.

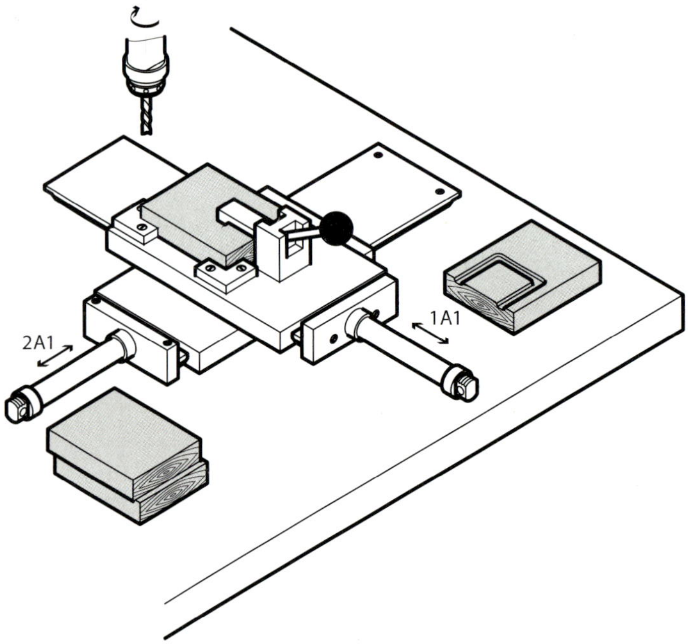

Bild 11.10: Lageplan

Ablaufbeschreibung

1. Die Holzplatte wird manuell gespannt und die Fräse in Arbeitsposition bewegt.
2. Im Startschritt steuert die Aktion mit Zuweisungsbedingung die Grundstellungsanzeige an. Steht die Vorrichtung in der Grundstellung, leuchtet die Lampe P1; andernfalls leuchtet die Lampe P1 nicht. Als Transitionsbedingung zum Schritt 2 werden die Grundstellung mit P1 und der START Taster S1 abgefragt.
3. Im Schritt 2 wird die Spule 1M1 angesteuert. Die Kolbenstange des Zylinders 1A1 fährt aus und führt den Fräskopf durch die erste Längsnut. Die Transitionsbedingung zum Schritt 3 ist das Erreichen der vorderen Endlage 1B2.

4. Im Schritt 3 wird die Spule 2M1 angesteuert. Die Kolbenstange des Zylinders 2A1 fährt aus und führt den Fräskopf durch die Quernut. Die Transitionsbedingung zum Schritt 4 ist das Erreichen der vorderen Endlage 2B2.
5. Im Schritt 4 wird die Spule 1M1 angesteuert. Die Kolbenstange des Zylinders 1A1 fährt ein und führt den Fräskopf durch die zweite Längsnut. Die Transitionsbedingung zum Schritt 5 ist das Erreichen der hinteren Endlage 1B1.
6. Im Schritt 5 wird die Spule 2M1 angesteuert. Die Kolbenstange des Zylinders 2A1 fährt ein und führt den Fräskopf zurück in seine Grundstellung. Die Transitionsbedingung zum Schritt 1 ist das Erreichen der hinteren Endlage 2B1.
7. Die Fräse wird in Warteposition bewegt und die bearbeitete Holzplatte wird gelöst.

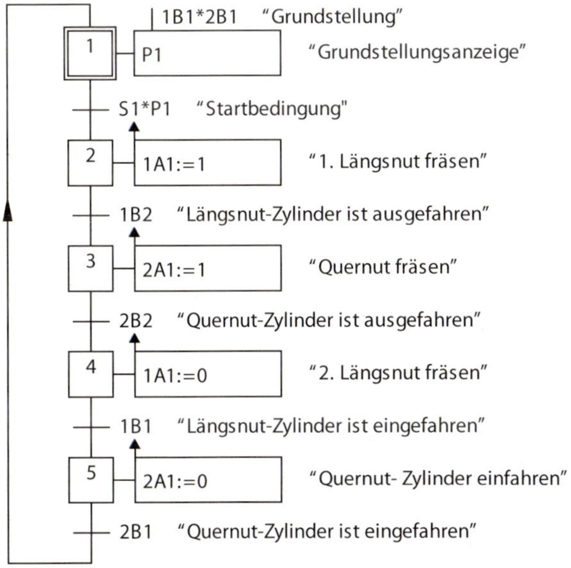

Bild 11.11: GRAFCET der Nutenfräsvorrichtung – technologieunabhängige Lösung

12 Aufbau von Schaltplänen

12.1 Pneumatischer Schaltplan

12.1.1 Anordnung der Symbole im pneumatischen Schaltplan

Der Aufbau eines pneumatischen Schaltplans, die Anordnung der Symbole sowie Bauteilkennzeichnung und Bauteilnummerierung sind nach DIN ISO 1219-2 genormt. Die Symbole der pneumatischen Bauelemente werden bei einer elektropneumatischen Steuerung wie folgt im Schaltplan angeordnet:

- zuoberst die Arbeitselemente
- darunter die Ventile zur Geschwindigkeitsbeeinflussung (z. B. Drosselventile, Drossel-Rückschlagventile, Rückschlagventile)
- darunter die Stellelemente (Wegeventile)
- unten links die Energieversorgung

Bei Steuerungen mit mehreren Arbeitselementen werden die Symbole für die verschiedenen Antriebe nebeneinander eingezeichnet. Unter jedem Antriebssymbol werden die Symbole für die zugehörigen Ventile angeordnet.

12.1.2 Stellung von Zylindern und Wegeventilen

Die Darstellung aller Komponenten im pneumatischen Schaltplan erfolgt bei zugeschaltetem Betriebsdruck. Bei elektropneumatischen Schaltplänen ist der elektrische Signalsteuerteil stromlos.

Ruhestellung
Als Ruhestellung wird bei Ventilen mit vorhandener Rückstellung, z. B. Feder, die Schaltstellung bezeichnet, die von den beweglichen Teilen des Ventils eingenommen wird, wenn das Ventil nicht angeschlossen ist.

Hinweis
Bei Impulsventilen kann die Ruhestellung nicht eindeutig definiert werden, da keine Rückstellfeder vorhanden ist.

Ausgangsstellung

Ausgangsstellung wird die Schaltstellung genannt, die die beweglichen Teile eines Ventils nach Einbau des Ventils in eine Anlage und Einschalten des Betriebsdruckes sowie gegebenenfalls der elektrischen Spannung einnehmen und mit der das vorgesehene Steuerungsprogramm beginnt.

Wenn Ventile in der Ausgangsstellung betätigt sind, so muss dies durch die Darstellung eines Schaltnockens angezeigt werden. In diesem Fall muss die betätigte Schaltstellung angeschlossen werden.

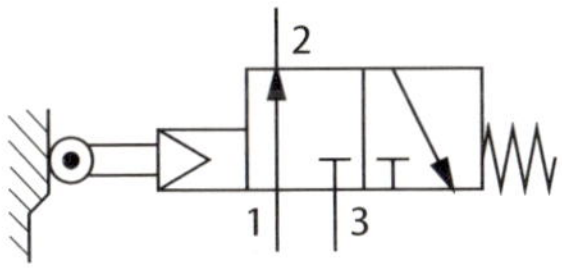

Bild 12.1: 3/2-Wege-Rollenhebelventil – In Ausgangsstellung betätigt

12.1.3 Kennzeichnungsschlüssel für Bauelemente

Jedes Bauelement (bis auf Verbindungsleitungen bzw. -schläuche) wird gemäß Bild 12.2 gekennzeichnet. Der Kennzeichnungsschlüssel enthält:

- die Anlagen-Nummer (Ziffer, kann weggelassen werden, wenn der gesamte Schaltkreis aus einer Anlage besteht)
- die Schaltkreis-Nummer (Ziffer, zwingend erforderlich)
- die Bauteil-Kennzeichnung (Buchstabe, zwingend erforderlich)
- die Bauteil-Nummer (Ziffer, zwingend erforderlich)

Der Kennzeichnungsschlüssel sollte mit einem Rahmen versehen sein.

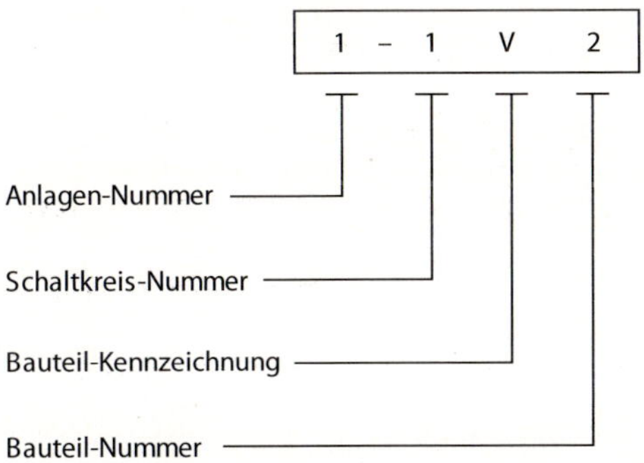

Bild 12.2: Kennzeichnungsschlüssel für Bauelemente in pneumatischen Schaltplänen

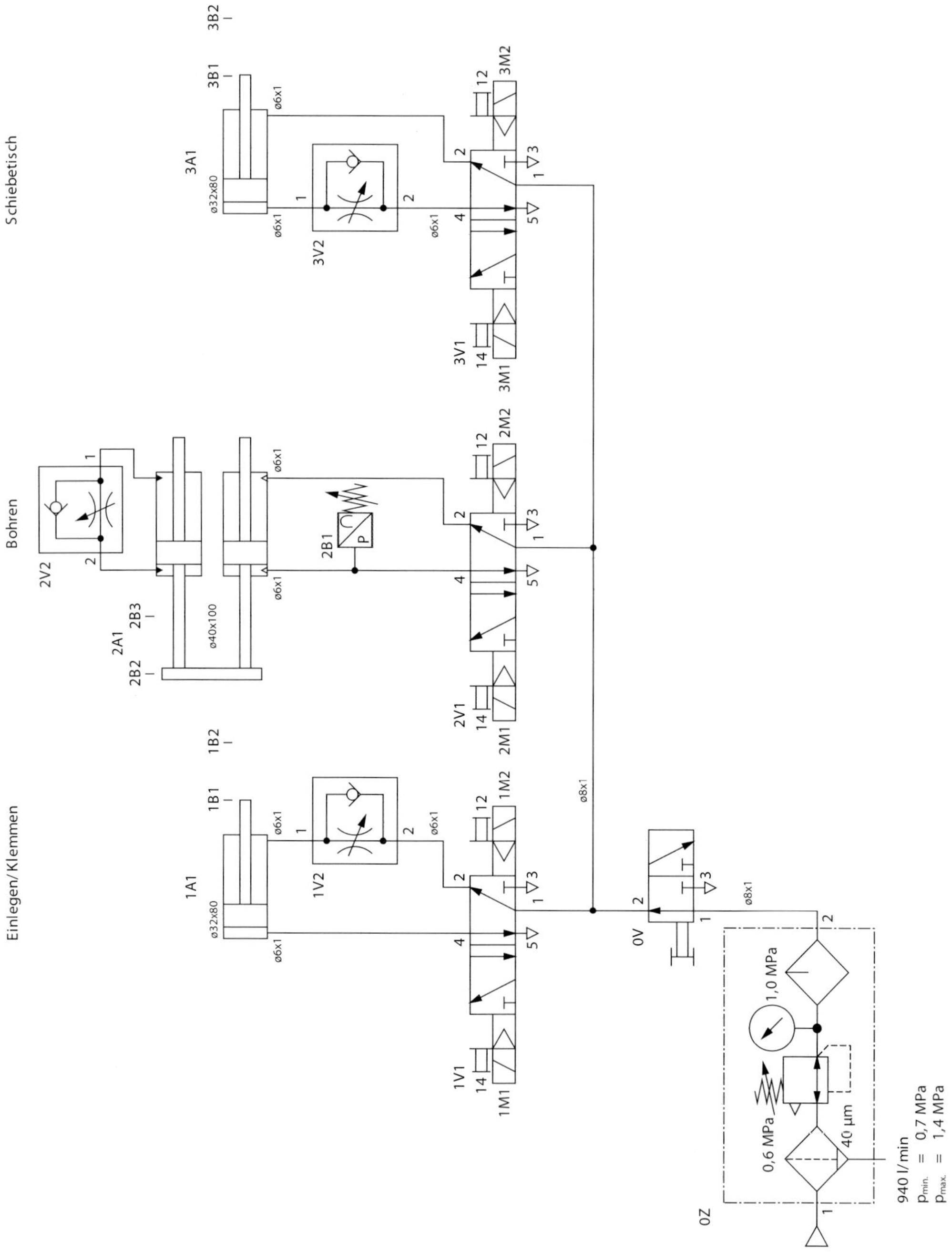

Bild 12.3: Pneumatischer Schaltplan einer elektropneumatischen Steuerung mit drei Steuerketten

Anlagen-Nummer

Sind in einem Betrieb zahlreiche Anlagen und elektropneumatische Steuerungen vorhanden, so erleichtert die Anlagennummer die Zuordnung zwischen Schaltplänen und Steuerungen. Sämtliche pneumatischen Bauelemente einer Steuerung (Anlage) werden durch die gleiche Anlagennummer gekennzeichnet. Im Schaltplanbeispiel (Bild 12.3) ist die Anlagennummer im Kennzeichnungsschlüssel nicht aufgeführt.

Schaltkreis-Nummer

Vorzugsweise werden sämtliche zur Energieversorgung zählenden Bauelemente durch die Schaltkreis-Nummer 0 gekennzeichnet. Die weiteren Schaltkreis-Nummern werden für die verschiedenen Steuerketten (= Schaltkreise) vergeben. Für die im Bild 12.3 dargestellte Steuerung gilt folgende Zuordnung:

- Energieversorgung und Hauptschalter: Nummer 0
- Steuerkette „Einlegen/Klemmen“: Schaltkreis-Nummer 1
- Steuerkette „Bohren“: Schaltkreis-Nummer 2
- Steuerkette „Schiebetisch“: Schaltkreis-Nummer 3

Bauteil-Kennzeichnung und Bauteil-Nummer

Jedes Bauelement einer elektropneumatischen Steuerung wird im Schaltplan mit einer Bauteil-Kennzeichnung und einer Bauteil-Nummer versehen. Innerhalb eines Schaltkreises werden Bauelemente mit gleicher Bauteil-Kennzeichnung fortlaufend von unten nach oben und von links nach rechts nummeriert. Die Ventile der Steuerkette „Einlegen/Klemmen“ (Schaltkreis 1 im Schaltplan Bild 12.3) sind daher wie folgt zu kennzeichnen:

- Wegeventil: 1V1 (Schaltkreis-Nummer 1, Bauteil-Kennzeichnung V, Bauteil-Nummer 1)
- Drossel-Rückschlagventil: 1V2 (Schaltkreis-Nummer 1, Bauteil-Kennzeichnung V, Bauteil-Nummer 2)

Bauelemente	**Kennzeichnung**
Kompressoren	P
Arbeitselemente	A
Antriebsmotoren	M
Signaleingabe	S
Signalaufnehmer	B
Ventile	V
Ventilspulen	M*
andere Bauteile	Z**

* nationale Ergänzung in deutscher Norm
** oder jeder andere in der Liste nicht enthaltene Buchstabe

Tabelle 12.1: Kennzeichnungsschlüssel für Bauelemente im pneumatischen Schaltplan

Technische Informationen

Um die Montage einer Steuerung und den Austausch von Komponenten bei Wartungsarbeiten zu erleichtern, werden bestimmte Bauelemente im Pneumatikschaltplan durch zusätzliche Informationen gekennzeichnet:

- Zylinder — Kolbendurchmesser, Hub und Funktion (z. B. „Einlegen/Klemmen")
- Druckluftversorgung — Versorgungsdruckbereich in MPa oder bar, Nennvolumenstrom in l/min
- Filter — Nenngröße in Mikrometern
- Schläuche — Nenn-Innendurchmesser in mm
- Manometer — Druckbereich in MPa oder bar

12.2 Elektrischer Schaltplan

Der elektrische Schaltplan einer Steuerung zeigt, wie die elektrischen Steuerungskomponenten miteinander verbunden werden und wie sie zusammenwirken. Abhängig von der Aufgabenstellung werden nach DIN EN 61082 die folgenden Schaltplantypen verwendet:

- Übersichtsschaltplan
- Funktionsschaltplan
- Stromlaufplan

12.2.1 Übersichtsschaltplan

Der Übersichtsschaltplan gibt einen Überblick über die elektrischen Einrichtungen eines größeren Systems, z. B. einer Verpackungsmaschine oder einer Montageanlage. Er zeigt nur die wichtigsten Zusammenhänge. Die verschiedenen Teilsysteme werden in anderen Schaltplänen detaillierter dargestellt.

12.2.2 Funktionsschaltplan

Der Funktionsschaltplan verdeutlicht die einzelnen Funktionen eines Systems. Dabei bleibt unberücksichtigt, wie diese Funktionen ausgeführt sind.

12.2.3 Stromlaufplan

Der Stromlaufplan zeigt die Einzelheiten der Ausführung von Systemen, Installationen, Einrichtungen usw. Er enthält:

- die graphischen Symbole der Betriebsmittel
- die Verbindungen zwischen diesen Betriebsmitteln

- die Betriebsmittelkennzeichen
- die Anschlusskennzeichen
- weitere Angaben, die für die Verfolgung der Pfade erforderlich sind (Signalkennzeichen, Hinweise zum Darstellungsort)

Zusammenhängende und aufgelöste Darstellung eines Stromlaufplanes
Bei der zusammenhängenden Darstellung eines Stromlaufplans wird jedes Gerät als ein zusammenhängendes Symbol eingezeichnet, also z. B. auch ein Relais, das über mehrere Schließer und Öffner verfügt.

Bei der aufgelösten Darstellung eines Stromlaufplanes dürfen die verschiedenen Komponenten eines Geräts an unterschiedlichen Stellen eingezeichnet werden. Sie werden so angeordnet, dass sich eine übersichtliche, geradlinige Darstellung mit wenigen Leitungsüberschneidungen ergibt. Die Öffner und Schließer eines Relais können z. B. über den gesamten Schaltplan verteilt eingezeichnet werden.

Elektrischer Schaltplan einer elektropneumatischen Steuerung
Zur Darstellung des Signalsteuerteils wird in der Elektropneumatik der Stromlaufplan in aufgelöster Darstellung verwendet. Lediglich bei sehr umfangreichen Steuerungen wird zusätzlich ein Übersichtsschaltplan bzw. ein Funktionsschaltplan erstellt.

In der Praxis bezeichnet der Begriff „elektrischer Schaltplan einer elektropneumatischen Steuerung“ stets den Stromlaufplan.

12.2.4 Stromlaufplan einer elektropneumatischen Steuerung

Im Stromlaufplan einer elektropneumatischen Steuerung werden die Symbole der zur Realisierung von Verknüpfungen und Abläufen erforderlichen Bauelemente fortlaufend von oben nach unten und von links nach rechts eingetragen. Relais- und Ventilspulen werden stets unterhalb der Kontakte eingezeichnet.

Weitere Maßnahmen, um die gute Lesbarkeit eines Stromlaufplans sicherzustellen, sind:

- die Einteilung in einzelne Strompfade
- die Kennzeichnung der Geräte und Kontakte durch Buchstaben und Zahlen
- die Unterteilung in Steuerstromkreis und Hauptstromkreis
- die Erstellung von Schaltgliedertabellen

Strompfade

Die einzelnen Strompfade einer elektropneumatischen Steuerung werden im Stromlaufplan nebeneinander eingezeichnet und durchnummeriert. Der in Bild 12.4 dargestellte Stromlaufplan einer elektropneumatischen Steuerung weist 10 Strompfade auf. Die Strompfade 1 bis 8 zählen zum Steuerstromkreis, die Strompfade 9 und 10 zum Hauptstromkreis.

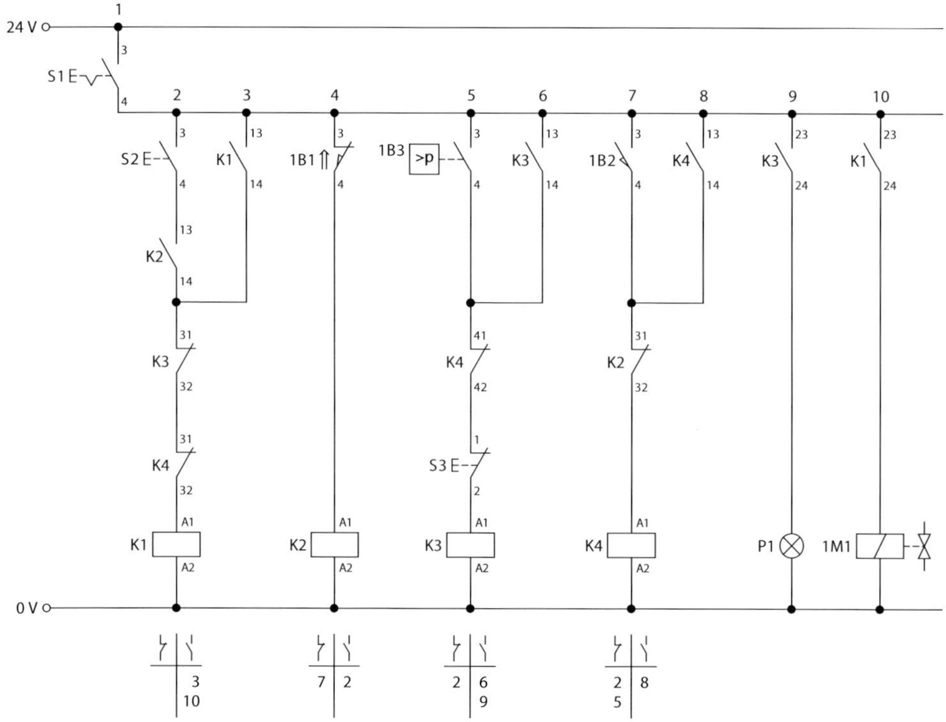

S1 = Hauptschalter
S2 = Starttaster
S3 = Quittiertaster

1B1/1B2 = Grenztaster
1B3 = Druckschalter

Bild 12.4: Elektrischer Schaltplan (Stromlaufplan) einer elektropneumatischen Steuerung

Kennzeichnung von Bauelementen

Die Bauelemente im Stromlaufplan einer Steuerung werden durch einen Buchstaben gekennzeichnet. Bauelemente mit gleicher Kennzeichnung werden fortlaufend nummeriert (z. B. mit 1B1, 1B2 usw.).

Sensoren und Ventilspulen müssen sowohl im Pneumatikschaltplan als auch im Stromlaufplan dargestellt werden. Um die Eindeutigkeit und leichte Lesbarkeit sicherzustellen, sollten die Symbole in beiden Plänen auf gleiche Weise bezeichnet und nummeriert werden. Wurde z. B. ein bestimmter Grenztaster im Pneumatikschaltplan mit 1B1 bezeichnet, so ist die gleiche Kennzeichnung auch im Stromlaufplan zu verwenden.

Bauelemente	Kennzeichnung
Grenztaster, Reedschalter, elektronischer Näherungsschalter, Druckschalter	B
Relais	K
Magnetspule eines Ventils	M
Meldeeinrichtungen	P
Schütz	Q
Handbetätigte Taster	S

Tabelle 12.2: Bezeichnung von Bauelementen im Stromlaufplan (DIN EN 81346-2)

Beispiel für die Kennzeichnung von Bauelementen

Die im Stromlaufplan (siehe Bild 12.4) dargestellten Bauelemente sind wie folgt gekennzeichnet:

- die handbetätigten Schalter mit S1, S2 und S3
- die Grenztaster mit 1B1 und 1B2
- der Druckschalter mit 1B3
- die Relais mit K1, K2, K3 und K4
- die Magnetspule mit 1M1
- die Leuchte P1

Anschlussbezeichnungen von Kontakten und Relais

Um die fehlerfreie Verdrahtung von Kontakten sicherzustellen, werden sämtliche Anschlüsse am Bauelement und im Stromlaufplan in gleicher Weise gekennzeichnet. Jeder Anschluss eines Kontaktes erhält eine Funktionsziffer. Die Funktionsziffern für unterschiedliche Kontakttypen sind in der Tabelle 12.3 zusammengefasst. Weist ein Schalter, ein Relais oder ein Schütz mehrere Kontakte auf, so werden sie mittels Ordnungsziffer durchnummeriert, die der Funktionsziffer vorangestellt wird (siehe Bild 12.5).

Die Anschlüsse einer Relaisspule werden mit A1 und A2 bezeichnet.

Kontakttyp	Funktionsziffer
Öffner	1, 2
Schließer	3, 4
Öffner, verzögert	5, 6
Schließer, verzögert	7, 8
Wechsler	1, 2, 4
Wechsler, verzögert	5, 6, 8

Tabelle 12.3: Funktionsziffern für Kontakte

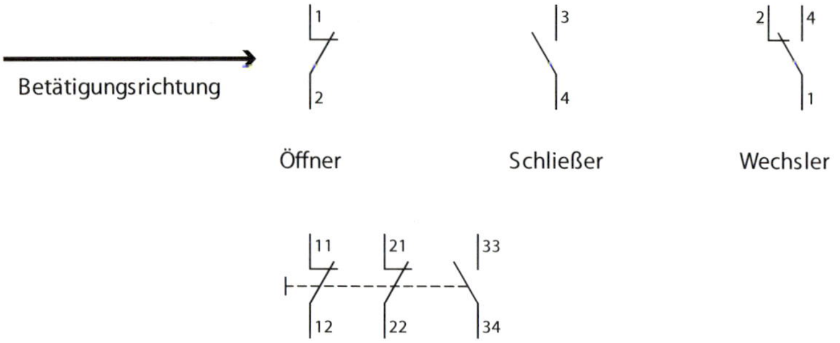

Bild 12.5: Kontaktbezeichnung durch Funktions- und Ordnungsziffern

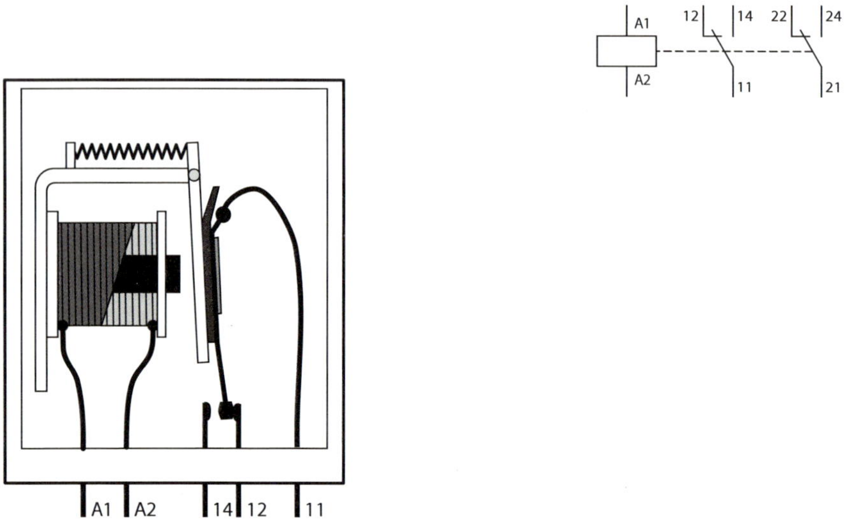

Bild 12.6: Relais – Symbol, Schnittbild und Anschlussbezeichnungen

Beispiel für die Anschlussbezeichnungen bei Relais

Im Stromlaufplan Bild 12.4 sind die Anschlüsse des Relais K1 wie folgt gekennzeichnet:

- Spule (Strompfad 2): A1, A2
- Schließer (Strompfad 3): 13, 14
- Schließer (Strompfad 10): 23, 24

Schaltgliedertabelle

Sämtliche von einer Relais- bzw. Schützspule betätigten Kontakte werden in einer Schaltgliedertabelle aufgelistet. Die Schaltgliedertabelle wird unterhalb des Strompfades angeordnet, in dem sich die Relaisspule befindet. Schaltgliedertabellen können in vereinfachter und in ausführlicher Form dargestellt werden.

Bild 12.7: Schaltgliedertabelle eines Relais in vereinfachter und ausführlicher Form

Beispiele für Schaltgliedertabellen

Im Stromlaufplan Bild 12.4 finden sich insgesamt 4 Schaltgliedertabellen:

- Strompfad 2: Schaltgliedertabelle für Relais K1
- Strompfad 4: Schaltgliedertabelle für Relais K2
- Strompfad 5: Schaltgliedertabelle für Relais K3
- Strompfad 7: Schaltgliedertabelle für Relais K4

Betätigte Kontakte und Sensoren

Der elektrische Schaltplan wird im stromlosen Zustand dargestellt (abgeschaltete elektrische Energieversorgung). Sind in dieser Stellung Grenztaster betätigt, so werden sie mit einem Pfeil gekennzeichnet. Zusätzlich werden die zugehörigen Kontakte in betätigter Stellung dargestellt.

Bild 12.8: Darstellung von betätigten Kontakten im Stromlaufplan

12.3 Klemmenanschlussplan

Bei einer elektropneumatischen Steuerung müssen Sensoren, Bedienelemente, Signalverarbeitung und Magnetspulen untereinander verdrahtet werden. Zu berücksichtigen ist dabei die Anordnung der Steuerungskomponenten:

- Sensoren sind häufig an schwer zugänglichen Stellen einer Anlage angebracht.
- Die Signalverarbeitung (Relais, speicherprogrammierbare Steuerung) wird meist im Schaltschrank platziert. In zunehmendem Maße werden speicherprogrammierbare Steuerungen aber auch in Ventilinseln integriert.
- Die Bedienelemente sind entweder direkt in die Schaltschrankfront eingebaut, oder die Steuerung wird über ein separates Pult bedient.
- Die elektrisch betätigten Wegeventile werden blockweise im Schaltschrank, blockweise auf Ventilinseln oder einzeln in Antriebsnähe montiert.

Die große Anzahl der Komponenten und ihr räumlicher Abstand machen die Verdrahtung zu einem wesentlichen Kostenfaktor bei einer elektropneumatischen Steuerung.

12.3.1 Anforderungen an die Verdrahtung

Die Verdrahtung einer elektropneumatischen Steuerung muss folgenden Anforderungen genügen:

- kostengünstiger Aufbau (Verwendung von Komponenten, zur Optimierung des Stromlaufplanes bezüglich Verdrahtungsaufwand, Verwendung von Komponenten mit reduzierter Anschlussanzahl),
- einfache Fehlersuche (übersichtliche, leicht nachvollziehbare und genau dokumentierte Verdrahtung),
- schnelle Reparatur (einfacher Austausch von Komponenten durch Klemm- oder durch Steckverbindungen, keine angelöteten Komponenten).

12.3.2 Verdrahtung mit Klemmleisten

Bei Steuerungen mit Einzelverdrahtung kommen Klemmleisten zum Einsatz, um die Anforderungen bezüglich niedriger Verdrahtungskosten, einfacher Fehlersuche und reparaturfreundlichem Aufbau zu erfüllen. Sämtliche Leitungen, die aus dem Schaltschrank heraus bzw. in ihn hineinführen, laufen über eine Klemmleiste (Bild 12.9). Defekte Bauelemente können problemlos an der Leiste abgeklemmt und ausgetauscht werden.

Werden direkt an der Anlage bzw. Maschine zusätzliche Klemmenleisten montiert, lassen sich die außerhalb des Schaltschranks angeordneten Bauelemente über wesentlich kürzere Zuleitungen anschließen (Bild 12.10).
Installation und Austausch der Komponenten werden weiter vereinfacht. Jede zusätzliche Klemmenleiste wird zum Schutz vor Umwelteinflüssen in einen Klemmenkasten eingebaut.

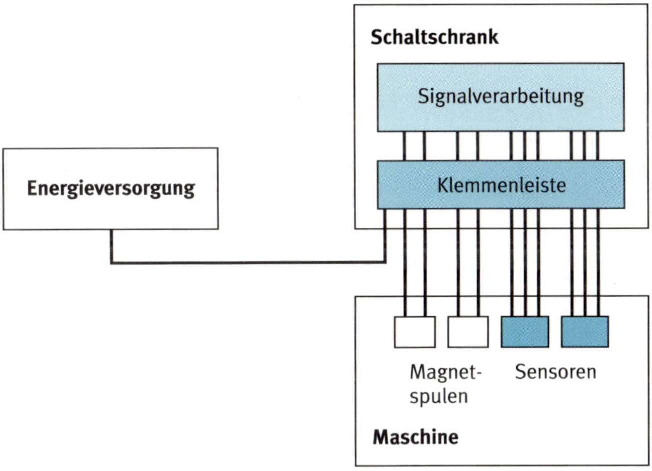

Bild 12.9: Aufbau einer elektropneumatischen Steuerung unter Verwendung von Klemmenleisten – Klemmleiste im Schaltschrank

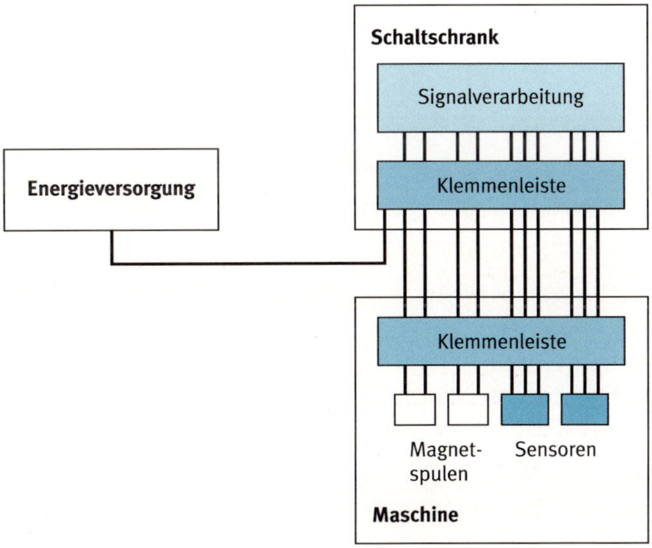

Bild 12.10: Aufbau einer elektropneumatischen Steuerung unter Verwendung von Klemmenleisten – Klemmleisten im Schaltschrank und an der Maschine

12.3.3 Aufbau von Klemmen und Klemmenleisten

Eine Klemme weist zwei Aufnahmen für elektrische Leitungen auf, die untereinander elektrisch leitend verbunden sind. Sämtliche Klemmen werden nebeneinander auf einer Leiste befestigt. Elektrisch leitende Verbindungen zwischen nebeneinanderliegenden Klemmen lassen sich durch Brücken herstellen.

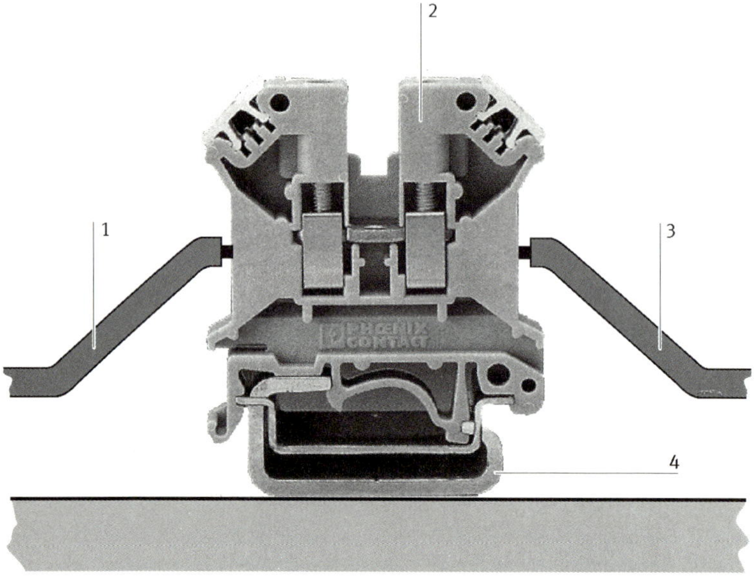

1 Leitung 1; 2 Klemme; 3 Leitung 2; 4 Montageleiste

Bild 12.11: Klemme

12.3.4 Klemmenbelegung

Die beiden Ziele, eine Steuerung möglichst kostengünstig und leicht nachvollziehbar zu verdrahten, lassen sich nicht gleichzeitig erreichen. Für die Wartung einer Steuerung ist es günstig, wenn die Klemmen einer Klemmenleiste so belegt werden, dass der Verdrahtungsaufbau leicht nachzuvollziehen ist. In der Praxis finden sich:

- Steuerungen mit systematischer, wartungsfreundlicher Klemmenbelegung,
- Steuerungen, bei denen die Klemmenanzahl auf Kosten der Übersichtlichkeit minimiert wurde,
- Mischformen zwischen beiden Varianten.

Hinweis
Auf keinen Fall darf ein Klemmenanschluss mit mehreren Drähten belegt werden.

	Übersichtliche Klemmenbelegung	minimierte Klemmenanzahl
Vorteile	– schnelle Fehlersuche – leicht nachvollziehbar – leicht reparierbar	– Einsparungen (Platz im Schaltschrank, Klemmen) – geringerer Verdrahtungsaufwand – weniger Fehlerquellen beim Verdrahten
Nachteile	– materieller Aufwand – Verdrahtung zeitaufwändig	– unübersichtlich, zeitaufwändig, insbesondere für Anlagenfremde

Tabelle 12.4: Vorgehensweisen bei der Klemmenbelegung

12.3.5 Aufbau eines Klemmenanschlussplans

Die Klemmenbelegung wird im Klemmenanschlussplan dokumentiert. Er besteht aus zwei Teilen: dem Stromlaufplan und der Klemmenbelegungsliste.

Im Stromlaufplan wird jede Klemme als ein Kreis dargestellt (Bild 12.14). Die Klemmen werden mit X bezeichnet und innerhalb einer Klemmenleiste der Reihe nach durchnummeriert (Klemmenbezeichnung z. B. X1, X2 usw.). Sind mehrere Klemmenleisten vorhanden, erhält jede Klemmenleiste zusätzlich eine Ordnungsziffer (Klemmenbezeichnung z. B. X2.6 für die 6. Klemme der Klemmenleiste 2).

In einer Klemmenbelegungsliste wird die Belegung sämtlicher Klemmen einer Leiste der Reihe nach aufgeführt. Weist eine Steuerung mehrere Klemmenleisten auf, wird für jede Leiste eine Liste erstellt. Klemmenbelegungslisten dienen als Unterlage bei der Steuerungsmontage, bei der Fehlersuche (Messen von Signalen an den Klemmen) und bei der Reparatur.

12.3.6 Erstellung eines Klemmenanschlussplans

Ausgangsbasis für den Klemmenanschlussplan ist der Stromlaufplan ohne Klemmenbelegung. Die Erstellung des Klemmenanschlussplans erfolgt in zwei Schritten:

1. Vergabe der Klemmennummern und Einzeichnen der Klemmen in den Stromlaufplan,
2. Erstellung der Klemmenbelegungsliste(n).

Anwendungsbeispiel

Nachfolgend wird ein Verfahren zur Klemmenbelegung erläutert, mit dem man eine übersichtliche, leicht nachvollziehbare Verdrahtung erhält. Ausgangsbasis für die Erstellung des Klemmenanschlussplanes sind:

- der Stromlaufplan einer Steuerung ohne Markierung der Klemmen (Bild 12.12),
- ein Vordruck für eine Klemmenbelegungsliste (Bild 12.13).

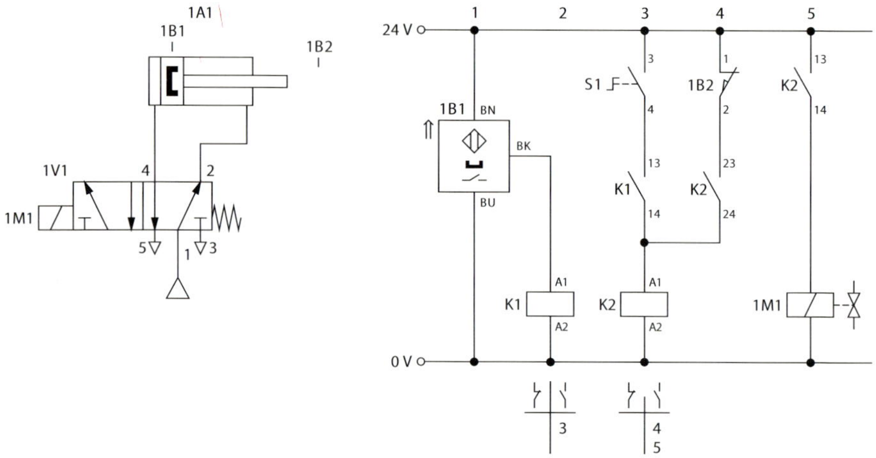

Bild 12.12: Pneumatischer Schaltplan und Stromlaufplan einer elektropneumatischen Steuerung

Ziel		Verbindungsbrücke	Klemmen - Nr. X . . .	Ziel	
Bauteil - Bezeichnung	Anschluss - Bezeichnung			Bauteil - Bezeichnung	Anschluss - Bezeichnung
		○	1		
		○	2		
		○	3		
		○	4		
		○	5		
		○	6		
		○	7		
		○	8		
		○	9		
		○	10		
		○	11		
		○	12		
		○	13		
		○	14		
		○	15		
		○	16		
		○	17		
		○	18		
		○	19		
		○	20		

Bild 12.13: Vordruck für eine Klemmenbelegungsliste

Vergabe der Klemmennummern

Die Klemmennummern werden in aufsteigender Reihenfolge vergeben und im Stromlaufplan markiert. Die Zuordnung Stromlaufplan-Klemmen erfolgt in drei Schritten:

1. Spannungsversorgung aller Strompfade (Klemmen X1-1 bis X1-4 im Stromlaufplan Bild 12.14),
2. Masseanschluss aller Strompfade (Klemmen X1-5 bis X1-8 im Stromlaufplan Bild 12.14).
3. Anschluss sämtlicher außerhalb des Schaltschranks angeordneter Bauelemente nach folgender Systematik:
   - in der Reihenfolge der Strompfade,
   - innerhalb eines Strompfades von oben nach unten,
   - bei Kontakten in der Reihenfolge der Funktionsziffern,
   - bei elektronischen Bauelementen in der Reihenfolge Anschluss Versorgungsspannung, Signalanschluss (falls vorhanden), Masseanschluss.

Die Bauelemente belegen im folgenden Schaltplan die Klemmen X1-9 bis X1-17.

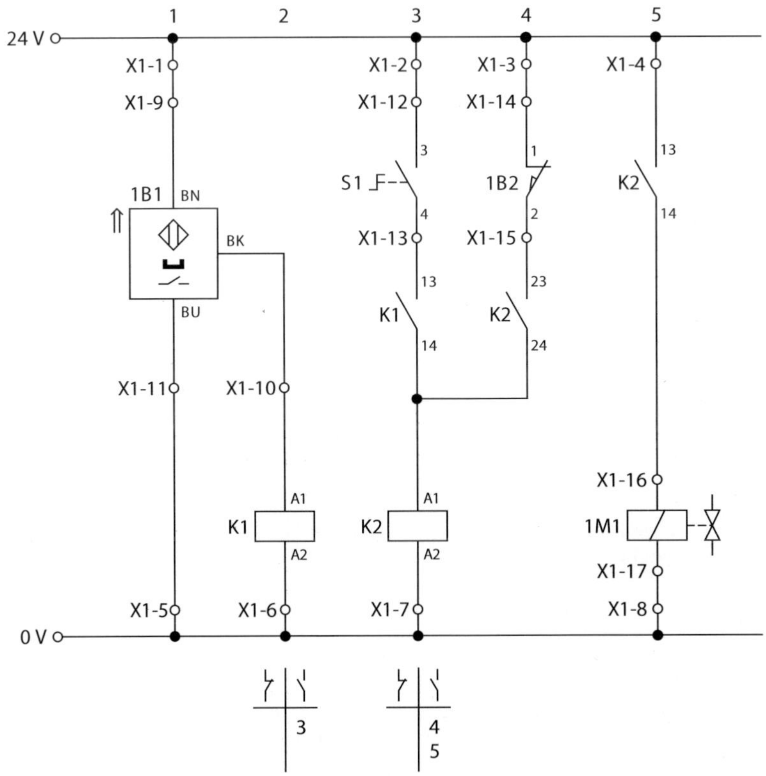

Bild 12.14: Stromlaufplan mit eingezeichneten Klemmen

Ausfüllen der Klemmenbelegungsliste

Das Ausfüllen der Klemmenbelegungsliste umfasst folgende Schritte:

1. Eintragen der Bauteil- und Anschlussbezeichnungen der Bauelemente außerhalb des Schaltschranks (auf der linken Seite der Klemmenbelegungsliste)
2. Eintragen der Bauteil- und Anschlussbezeichnungen von Bauelementen innerhalb des Schaltschranks (auf der rechten Seite der Klemmenbelegungsliste)
3. Einzeichnen der erforderlichen Brücken (im Beispiel: Klemmen X1-1 bis X1-4 für 24 V Versorgungsspannung, X1-5 bis X1-8 für Versorgungsmasse)
4. Eintragen der Verbindungen Klemme-Klemme, die nicht als Brücke realisiert werden können

Maschine				Schaltschrank	
Ziel		Verbindungsbrücke	Klemmen - Nr. X1	Ziel	
Bauteil - Bezeichnung	Anschluss - Bezeichnung			Bauteil - Bezeichnung	Anschluss - Bezeichnung
	24V	○	1	X1	9
		○	2	X1	12
		○	3	X1	14
		○	4	K2	13
	0V	○	5	X1	11
		○	6	K1	A2
		○	7	K2	A2
		○	8	X1	17
1B1	BN	○	9	X1	1
1B1	BK	○	10	K1	A1
1B1	BU	○	11	X1	5
S1	3	○	12	X1	2
S1	4	○	13	K1	13
1B2	1	○	14	X1	3
1B2	2	○	15	K2	23
1M1		○	16	K2	14
1M1		○	17	X1	8
		○	18		
		○	19		
		○	20		

Bild 12.15: Klemmenbelegungsliste für die Beispielsteuerung

Verdrahtung einer elektropneumatischen Steuerung

Die Gestaltung einer Klemmenbelegungsliste orientiert sich am Klemmenleistenaufbau. Dementsprechend lässt sich eine elektropneumatische Steuerung in weiten Teilen auf Basis der Klemmenbelegungsliste verdrahten:

- Sämtliche Leitungen, die zu Bauelementen außerhalb des Schaltschranks führen, werden entsprechend der Liste auf der linken Seite der Klemmenleiste angeschlossen.
- Sämtliche Leitungen, die zu Bauelementen innerhalb des Schaltschranks führen, werden entsprechend der Liste auf der rechten Seite der Leiste angeklemmt.
- Benachbarte Klemmen, bei denen in der Klemmenbelegungsliste eine Brücke eingezeichnet ist, werden elektrisch leitend verbunden.

Leitungen, die zwei Bauelemente im Schaltschrank verbinden, laufen nicht über die Klemmenleiste. Sie sind deshalb in der Klemmenbelegungsliste nicht dargestellt und müssen nach Stromlaufplan verdrahtet werden.

13 Sicherheitsmaßnahmen bei elektropneumatischen Steuerungen

13.1 Gefahren und Schutzmaßnahmen

Um den gefahrlosen Betrieb elektropneumatischer Steuerungen sicherzustellen, sind zahlreiche Schutzmaßnahmen erforderlich.

Eine Gefahrenursache sind bewegte Maschinen- und Anlagenteile. Bei einer pneumatischen Presse muss z. B. verhindert werden, dass die Finger bzw. Hände des Bedieners eingeklemmt werden. Bild 13.1 gibt eine Übersicht über Gefahrenquellen und geeignete Schutzmaßnahmen.

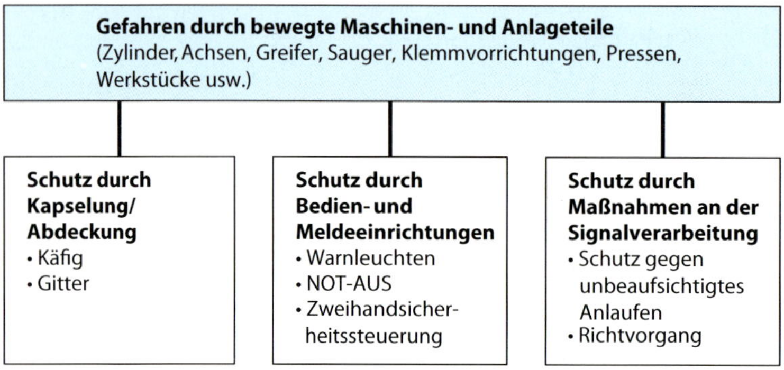

Bild 13.1: Bewegte Maschinen- und Anlagenteile: Gefahrenquellen und Schutzmaßnahmen

Weitere Gefahren gehen vom elektrischen Strom aus. Im Bild 13.2 sind diesbezügliche Gefahren und Schutzmaßnahmen zusammengefasst.

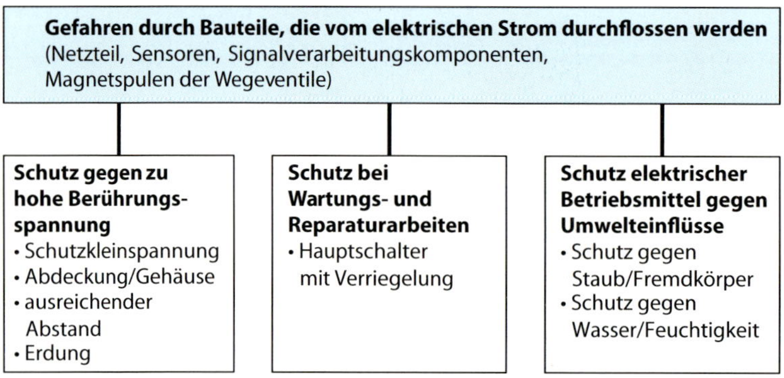

Bild 13.2: Elektrischer Strom: Gefahrenquellen und Schutzmaßnahmen

Sicherheitshinweise

Um eine Gefährdung des Bedienpersonals weitmöglichst auszuschließen, müssen beim Aufbau elektropneumatischer Steuerungen zahlreiche Sicherheitsvorschriften und Normen eingehalten werden. Nachfolgend sind die wesentlichen Normen zum Schutz vor den Gefahren des elektrischen Stromes aufgelistet:

- Schutzmaßnahmen bei Starkstromanlagen bis 1000 V (DIN VDE 0100)
- Bestimmungen über die elektrische Ausrüstung und Sicherheit von Maschinen (DIN EN 60204)
- Schutzarten der verwendeten elektrischen Betriebsmittel (DIN EN 60529)

13.2 Wirkung des elektrischen Stromes auf den Menschen

Beim Berühren spannungsführender Teile wird ein elektrischer Stromkreis geschlossen. Es fließt ein elektrischer Strom *I* durch den menschlichen Körper.

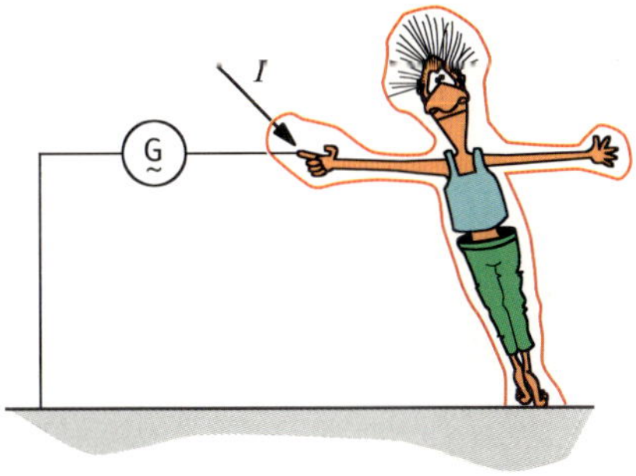

Bild 13.3: Berühren spannungsführender Teile

13.2.1 Wirkung des elektrischen Stromes

Die Auswirkung des elektrischen Stromes auf den Menschen steigt mit wachsender Stromstärke und mit wachsender Berührungsdauer. Man unterscheidet folgende Schwellwerte:

- Unterhalb der Wahrnehmbarkeitsschwelle hat der elektrische Strom keine Auswirkung auf den Menschen.
- Bis zur Loslassschwelle wird der elektrische Strom zwar wahrgenommen, es besteht jedoch keine Gefahr für die menschliche Gesundheit.
- Oberhalb der Loslassschwelle verkrampfen die Muskeln, und die Herzfunktion wird beeinträchtigt.
- Oberhalb der Flimmerschwelle kommt es zu Herzstillstand bzw. Herzkammerflimmern, Atemstillstand und Bewusstlosigkeit. Es besteht akute Lebensgefahr.

Im Bild 13.4 sind Wahrnehmbarkeits-, Loslass- und Flimmerschwelle für Wechselstrom mit einer Frequenz von 50 Hz aufgetragen. Dies entspricht der Frequenz des elektrischen Versorgungsnetzes. Bei Gleichstrom liegen die Schwellwerte für die Gefährdung des Menschen geringfügig höher.

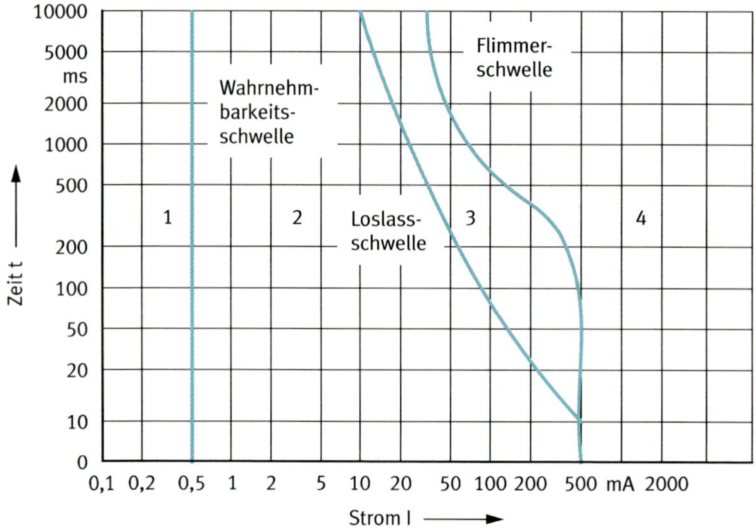

Bild 13.4: Gefährdungsbereiche bei Wechselspannung (Frequenz 50 Hz/60 Hz)

13.2.2 Elektrischer Widerstand des Menschen

Der menschliche Körper setzt dem Stromfluss einen Widerstand entgegen. Der elektrische Strom tritt z. B. durch die Hand in den Menschen ein, fließt dann durch den Körper und tritt an einer anderen Stelle (z. B. an den Füßen) wieder aus.

Der elektrische Widerstand R_M des Menschen wird dementsprechend gebildet durch eine Reihenschaltung des Eintrittswiderstandes $R_{Ü1}$, des inneren Widerstand R_I und des Austrittswiderstandes $R_{Ü2}$. Er wird nach folgender Formel berechnet:

$$R_M = R_{Ü1} + R_I + R_{Ü2}$$

Die Übergangswiderstände $R_{Ü1}$ und $R_{Ü2}$ variieren sehr stark in Abhängigkeit der Berührungsfläche, der Hautfeuchtigkeit und der Hautdicke. Dies wirkt sich auf den Gesamtwiderstand R_M aus. Er schwankt zwischen folgenden Extremwerten:

- weniger als 1000 Ω (große Berührflächen, nasse, verschwitzte Haut)
- mehrere Millionen Ω (punktförmige Berührung, sehr trockene, dicke Haut)

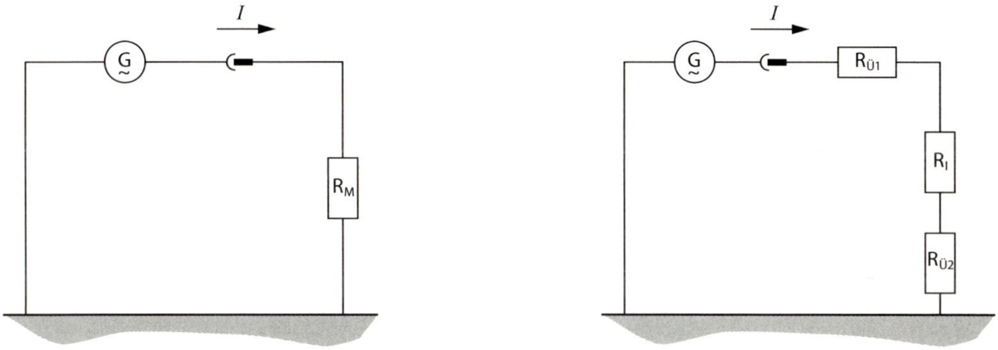

Bild 13.5: Elektrischer Widerstand des Menschen

13.2.3 Einflussgrößen auf die Unfallgefahr

Der Strom *I* durch den menschlichen Körper hängt ab von der Quellenspannung *U*, dem Widerstand R_L der elektrischen Leitung, dem Widerstand R_M des Menschen und dem Widerstand R_E der Erde.

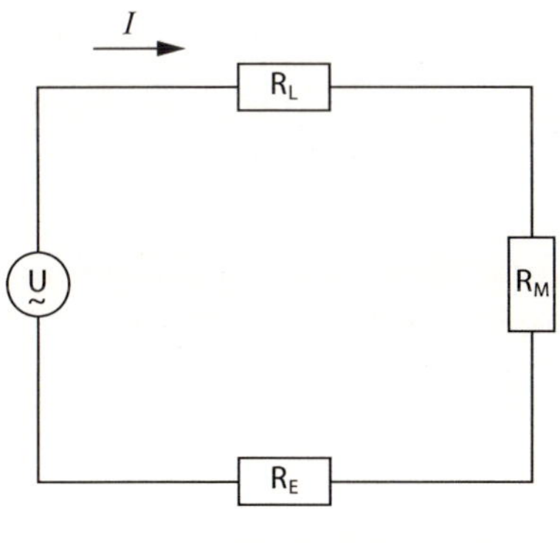

Bild 13.6: Strom durch den menschlichen Körper

Er wird wie folgt berechnet:

$$I = \frac{U}{R_L + R_M + R_E}$$

Nach dieser Formel ergibt sich ein hoher Strom, d. h. eine starke Gefährdung

- beim Berühren eines elektrischen Leiters unter hoher Spannung U (z. B. Leiter des elektrischen Versorgungsnetzes, 230 V Wechselspannung),
- bei Berührungen mit geringem Übergangswiderstand $R_Ü$ und demzufolge geringem Widerstand R_M (z. B. große Berührflächen, verschwitzte Haut, nasse Kleidung).

13.3 Schutzmaßnahmen gegen Unfälle durch elektrischen Strom

Vielfältige Schutzmaßnahmen verhindern, dass der Bediener einer elektropneumatischen Steuerung durch den elektrischen Strom gefährdet wird.

13.3.1 Schutz gegen direktes Berühren

Ein Schutz gegen die Berührung spannungsführender Teile ist sowohl bei niedrigen wie auch bei hohen Spannungen vorgeschrieben. Er kann durch

- Isolierung,
- Abdeckung,
- ausreichenden Abstand gewährleistet werden.

13.3.2 Erdung

Bauteile, die vom Menschen berührt werden können, müssen geerdet werden. Wenn ein geerdetes Gehäuse unter Spannung gerät, führt dies zu einem Kurzschluss, und die Überstromschutzorgane lösen aus. Dadurch wird die Spannungsversorgung unterbrochen. Zum Einsatz als Überstromschutzorgane kommen:

- Schmelzsicherungen
- Leistungsschutzschalter
- FI-Schutzschalter
- FU-Schutzschalter

13.3.3 Schutzkleinspannung

Bei Berühren eines elektrischen Leiters, dessen Spannung geringer ist als ca. 30 V, besteht keine Lebensgefahr, da nur ein geringer Strom durch den menschlichen Körper fließt.

Aus diesem Grund betreibt man elektropneumatische Steuerungen in der Regel nicht mit der Spannung des elektrischen Versorgungsnetzes (z. B. 230 V Wechselspannung), sondern mit 24 V Gleichspannung. Die Versorgungsspannung wird durch ein Netzteil mit Schutztrafo herabgesetzt.

Hinweis
Trotz dieser Schutzmaßnahme stehen die elektrischen Leiter an den Eingängen des Netzteils unter hoher Spannung!

13.4 Bedienfeld und Meldeeinrichtungen

Bedienelemente und Meldeeinrichtungen müssen so gestaltet sein, dass eine sichere und schnelle Bedienung der Steuerung gewährleistet ist. Die Funktion, die Anordnung und die farbliche Gestaltung von Bedienelementen und Kontrollleuchten sind genormt. Dadurch wird eine einheitliche Bedienung unterschiedlicher Steuerungen ermöglicht, und Fehlbedienungen werden weitmöglichst verhindert.

13.4.1 Hauptschalter

Jede Maschine und Anlage muss einen Hauptschalter aufweisen. Mit diesem Schalter wird die elektrische Energieversorgung für die Dauer von Reinigungs-, Wartungs- und Reparaturarbeiten sowie bei längeren Stillstandszeiten abgeschaltet. Der Hauptschalter muss handbetätigt sein und darf nur zwei Schaltstellungen aufweisen: „0“ (Aus) und „1“ (Ein). Die Aus-Stellung muss verriegelbar sein, sodass Handeinschaltung bzw. Ferneinschaltung verhindert werden. Bei mehreren Einspeisungen müssen die Hauptschalter gegeneinander verriegelt werden, sodass keine Gefährdung des Wartungspersonals eintreten kann.

13.4.2 NOT-AUS

Der NOT-AUS Stellschalter wird vom Bediener in Gefahrensituationen betätigt.

Das Befehlsgerät NOT-AUS muss bei unmittelbarer Handbetätigung einen Pilzdruckknopf haben. Mittelbare Betätigung über Reißleine oder Trittleiste ist zulässig. Sind mehrere Arbeitsplätze oder Bedienstände vorhanden, so muss an jedem ein NOT-AUS Befehlsgerät vorhanden sein. Die Farbe des NOT-AUS Betätigungselementes ist auffälliges Rot. Die Fläche unterhalb des Stellschalters ist mit der Kontrastfarbe Gelb zu kennzeichnen.

Nach Betätigen von NOT-AUS sind die Antriebe möglichst schnell stillzusetzen, und die Steuerung sollte soweit wie möglich von der elektrischen und pneumatischen Energieversorgung getrennt werden. Dabei sind folgende Einschränkungen zu beachten:

- Falls die Beleuchtung erforderlich ist, darf sie nicht abgeschaltet werden.
- Hilfs- und Bremseinrichtungen zum schnellen Stillsetzen dürfen nicht wirkungslos werden.
- Eingespannte Werkstücke dürfen sich nicht lösen.
- Rücklaufbewegungen müssen, soweit erforderlich, durch Betätigen der NOT-AUS Einrichtung ausgelöst werden. Sie dürfen allerdings nur eingeleitet werden, falls dies gefahrlos möglich ist.

13.4.3 Bedienelemente einer elektropneumatischen Steuerung

Neben dem Hauptschalter und dem NOT-AUS Schalter weist eine elektropneumatische Steuerung zusätzliche Bedienelemente auf. Das folgende Bild zeigt ein Beispiel für ein Bedienfeld.

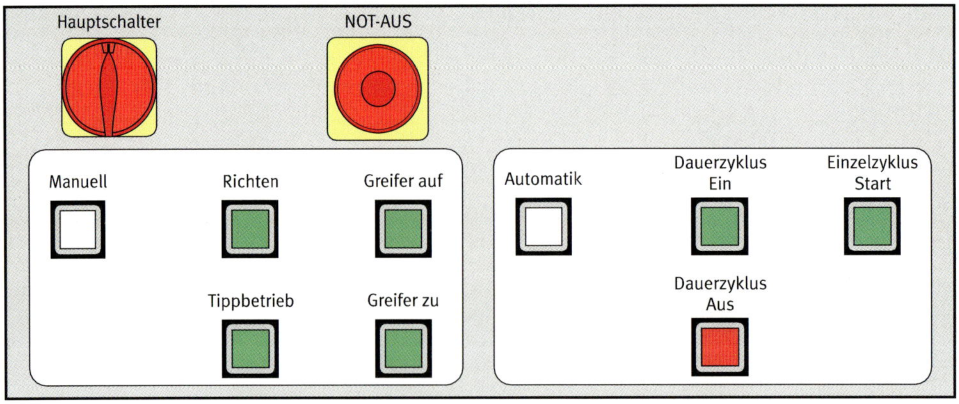

Bild 13.7: Bedienfeld einer elektropneumatischen Steuerung (Beispiel)

Bei elektropneumatischen Steuerungen unterscheidet man:
- manuellen, d. h. von Hand gesteuerten Betrieb
- automatischen, d. h. programmgesteuerten Betrieb

Manueller Betrieb
Im manuellen Betrieb haben folgende Bedienelemente eine Wirkung:
- „Richten“: Die Anlage wird in die Grundstellung gebracht.
- „Tippbetrieb“: Mit jeder Betätigung des Tasters wird der Ablauf um einen Schritt weitergetaktet.
- Einzelbewegungen: Bei Betätigung des entsprechenden Tasters bzw. Stellschalters wird ein Antrieb verfahren (Beispiel: „Greifer auf“ bzw. „Greifer zu“).

Automatischer Betrieb
Nur im automatischen Betrieb sind folgende Betriebsarten möglich:
- Einzelzyklus: Der Ablauf wird einmal durchlaufen.
- Dauerzyklus: Der Ablauf wird dauernd durchlaufen.

Bei Betätigung des Tasters „Dauerzyklus Aus“ (bzw. „Halt“ oder „Stopp“) wird der Ablauf unterbrochen. Die Unterbrechung erfolgt entweder nach dem nächsten Schritt oder nach Beendigung des kompletten Ablaufs.

Hauptschalter und NOT-AUS Schalter sind in allen Betriebsarten wirksam. Zusammen mit den Bedienelementen für „Manuell“ und „Automatik“, „Start“ und „Halt“ sowie „Richten“ müssen sie an jeder elektropneumatischen Steuerung vorhanden sein. Welche Bedienelemente zusätzlich erforderlich sind, richtet sich nach dem Anwendungsfall.

Farbliche Kennzeichnung der Bedienelemente
Die folgende Tabelle gibt eine Übersicht über die Farben der Bedienelemente und ihre Bedeutung nach EN 60204.

Farbe	Befehl	Angestrebter Betriebszustand
Rot	Halt, Aus	Stillsetzen eines oder mehrerer Motoren. Stillsetzen von Einheiten der Maschine. Magnetische Spannvorrichtungen außer Betrieb setzen. Halt des Zyklus (wenn der Bediener den Druckknopf während eines Zyklus betätigt, hält die Maschine, nachdem der laufende Zyklus beendet ist).
	NOT-AUS	Halt bei Gefahr! (z. B. Abschalten bei gefährlicher Überhitzung)
Grün oder Schwarz	Start, Ein, Tippen	Steuerstromkreise an Spannung (funktionsbereit). Anlauf eines oder mehrerer Motoren für Hilfsfunktionen. Start von Einheiten der Maschine. Magnetische Spannvorrichtungen in Betrieb setzen. Tippbetrieb (Tippen beim Einschalten).
Gelb	Start eines Rücklaufes außerhalb des normalen Arbeitsablaufes, oder Start einer Bewegung zur Beseitigung gefährlicher Bedingungen.	Rücklauf von Maschineneinheiten zum Ausgangspunkt des Zyklus, falls dieser noch nicht abgeschlossen war. Das Betätigen des gelben Druckknopfes kann andere vorher gewählte Funktionen außer Kraft setzen.
Weiß oder Schwarz	Jede Funktion, für die keine der oben genannten Farben gilt.	Steuern von Hilfsfunktionen, die nicht direkt mit dem Arbeitszyklus zusammenhängen.

13.1: Farbliche Kennzeichnung der Bedienelemente von Maschinensteuerungen

Farbliche Kennzeichnung der Kontrollleuchten

Damit das Bedienpersonal den Betriebszustand einer Anlage, insbesondere Fehlfunktionen und Gefahrensituationen, unmittelbar erkennen kann, sind die Kontrollleuchten nach EN 60204 farblich gekennzeichnet. Die folgende Tabelle zeigt die Bedeutung der verschiedenen Farben.

Farbe	Betriebszustand	Anwendungsbeispiele
Rot	Anormale Zustände	Hinweis, dass die Maschine durch ein Schutzorgan gestoppt wurde (z. B. wegen Überlast, Überfahren oder wegen eines anderen Fehlers). Auffordern zum Stillsetzen der Maschine (z. B. wegen Überlast).
Gelb	Achtung oder Vorsicht.	Ein Wert (Strom, Temperatur) nähert sich seiner zulässigen Grenze oder Signal für den automatischen Zyklus.
Grün	Maschine startbereit.	Maschine startklar: Alle Hilfen funktionieren. Die (verschiedenen) Einheiten befinden sich in der Ausgangsstellung und der pneumatische Druck oder die Spannung eines Umformers haben die vorgeschriebenen Werte. Der Arbeitszyklus ist beendet und die Maschine zu neuem Anlauf bereit.
Weiß (farblos)	Stromkreise liegen an Spannung. Normal im Betrieb.	Hauptschalter in Ein-Stellung. Wahl der Geschwindigkeit oder der Drehrichtung. Einzelantriebe und Hilfseinrichtungen sind in Betrieb. Maschine läuft.
Blau	Alle Funktionen, für die keine der eben genannten Farben gilt.	

13.2: Farbliche Kennzeichnung der Kontrollleuchten von Maschinensteuerungen

13.5 Schutz elektrischer Betriebsmittel gegen Umwelteinflüsse

Elektrische Betriebsmittel, wie z. B. Sensoren oder speicherprogrammierbare Steuerungen, sind vielfältigen Umwelteinflüssen ausgesetzt. Zu den Umwelteinflüssen, die ihre Funktion beeinträchtigen können, zählen Staub, Feuchtigkeit und Fremdkörper.

Je nach Einbau- und Umgebungsbedingungen werden elektrische Betriebsmittel durch Gehäuse und Abdichtungen geschützt. Diese Maßnahme verhindert gleichzeitig, dass Menschen beim Umgang mit diesen Betriebsmitteln gefährdet werden.

13.5.1 Kennzeichnung der Schutzart

Das Kennzeichen für die Schutzart nach DIN EN 60529 setzt sich aus den zwei Buchstaben IP (für „International Protection") und zwei Ziffern zusammen. Die erste Ziffer gibt den Schutzumfang gegen das Eindringen von Staub bzw. Fremdkörpern, die zweite Ziffer den Schutzumfang gegen das Eindringen von Feuchtigkeit bzw. Wasser an. Die folgenden Tabellen zeigen die Zuordnung zwischen Schutzklassen und Schutzumfang.

Erste Kennziffer	**Schutzumfang**	
	Benennung	**Erklärung**
0	Kein Schutz	Kein besonderer Schutz von Personen gegen zufälliges Berühren unter Spannung stehender oder sich bewegender Teile. Kein Schutz des Betriebsmittels gegen Eindringen von festen Fremdkörpern.
1	Schutz gegen große Fremdkörper	Schutz gegen zufälliges großflächiges Berühren unter Spannung stehender und innerer sich bewegender Teile, z B. mit der Hand, aber kein Schutz gegen absichtlichen Zugang zu diesen Teilen. Schutz gegen Eindringen von festen Fremdkörpern mit einem Durchmesser größer als 50 mm.
2	Schutz gegen mittelgroße Fremdkörper	Schutz gegen Berühren mit den Fingern unter Spannung stehender oder innerer sich bewegender Teile. Schutz gegen Eindringen von festen Fremdkörpern mit einem Durchmesser größer als 12 mm.
3	Schutz gegen kleine Fremdkörper	Schutz gegen Berühren unter Spannung stehender oder innerer sich bewegender Teile mit Werkzeugen, Drähten oder ähnlichem von einer Dicke größer als 2,5 mm. Schutz gegen Eindringen von festen Fremdkörpern mit einem Durchmesser größer als 2,5 mm.
4	Schutz gegen kornförmige Fremdkörper	Schutz gegen Eindringen von festen Fremdkörpern mit einem Durchmesser größer als 1 mm.
5	Schutz gegen Staubablagerungen	Vollständiger Schutz gegen Berühren unter Spannung stehender oder innerer sich bewegender Teile. Schutz gegen schädliche Staubablagerungen. Das Eindringen von Staub ist nicht vollständig verhindert, aber der Staub darf nicht in solchen Mengen eindringen, dass die Arbeitsweise beeinträchtigt wird.
6	Schutz gegen Staubeintritt	Vollständiger Schutz gegen Berühren unter Spannung stehender oder innerer sich bewegender Teile. Schutz gegen Eindringen von Staub.

13.3: Schutz gegen Berührung, Staub und Fremdkörper

Zweite Kennziffer	Schutzumfang	
	Benennung	Erklärung
0	Kein Schutz	Kein besonderer Schutz.
1	Tropfwasser	Senkrecht fallende Tropfen dürfen keine schädliche Wirkung haben.
2	Tropfwasser bei 15° Neigung	Senkrecht fallende Tropfen dürfen keine schädliche Wirkungen haben, wenn das Gehäuse um einen Winkel bis zu 15° beiderseits der Senkrechten geneigt ist.
3	Sprühwasser	Wasser, das in einem Winkel bis zu 60° beiderseits der Senkrechten gesprüht wird, darf keine schädlichen Wirkungen haben.
4	Spritzwasser	Wasser, das aus jeder Richtung gegen das Gehäuse spritzt, darf keine schädlichen Wirkungen haben.
5	Strahlwasser	Wasser, das aus jeder Richtung als Strahl gegen das Gehäuse gerichtet ist, darf keine schädlichen Wirkungen haben.
6	Starke Strahlwasser	Wasser, das aus jeder Richtung als starker Strahl gegen das Gehäuse gerichtet ist, darf keine schädlichen Wirkungen haben.
7	Zeitweiliges Untertauchen	Wasser darf nicht in einer Menge eintreten, die schädliche Wirkungen verursacht, wenn das Gehäuse unter genormten Druck- und Zeitbedingungen zeitweilig in Wasser untergetaucht ist.
8	Dauerndes Untertauchen	Wasser darf nicht in einer Menge eintreten, die schädliche Wirkungen verursacht, wenn das Gehäuse dauernd unter Wasser getaucht ist unter Bedingungen, die zwischen Hersteller und Anwender vereinbart werden müssen. Die Bedingungen müssen jedoch schwieriger sein als für die Kennziffer 7.

13.4: Schutz gegen Feuchtigkeit und Wasser

14 Symbole und Schaltzeichen

14.1 Symbole für pneumatische Bauelemente

Der pneumatische Schaltplan einer Steuerung zeigt, wie die einzelnen pneumatischen Komponenten miteinander verbunden werden und wie sie zusammenwirken. Die Symbole der Bauelemente werden so angeordnet, dass ein übersichtlicher Schaltplan entsteht, bei dem sich möglichst wenige Leitungen kreuzen. Aus einem pneumatischen Schaltplan kann deshalb nicht die tatsächliche räumliche Anordnung der Bauelemente abgelesen werden.

Im pneumatischen Schaltplan werden die Bauelemente durch Symbole dargestellt, die nach DIN ISO 1219-1 genormt sind. Aus einem Symbol müssen folgende Eigenschaften erkennbar sein:

- Betätigungsart
- Anzahl der Anschlüsse und deren Bezeichnung
- Anzahl der Schaltstellungen

Nachfolgend werden nur Symbole von Bauelementen aufgeführt, die in elektropneumatischen Steuerungen häufig vorkommen.

14.1.1 Symbole für den Energieversorgungsteil

Der Energieversorgungsteil wird durch die Symbole der einzelnen Komponenten, durch ein kombiniertes Symbol oder durch ein vereinfachtes Symbol dargestellt.

Funktion	**Symbol**
Verdichter mit konstantem Verdrängungsvolumen	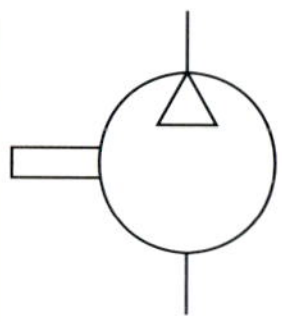
Speicher, Druckluftbehälter	
Druckquelle	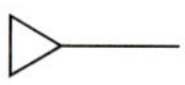

Tabelle 14.1: Symbole für den Energieversorgungsteil – Versorgung

Funktion	Kommentar	Symbol
Filter	Filtrieren der Schmutzteilchen	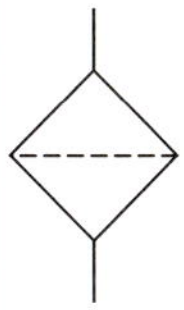
Wasserabscheider mit Handbetätigung		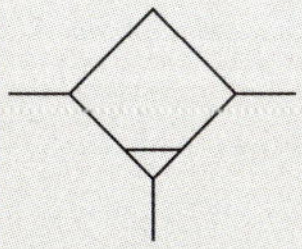
Wasserabscheider, automatisch		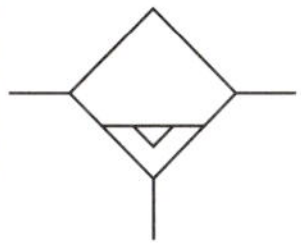
Öler	geringe Ölmengen werden dem Luftstrom beigemischt	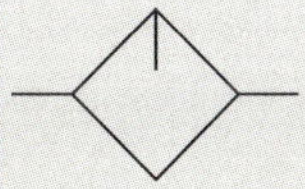
Druckregelventil	einstellbar, mit Entlastungsöffnung	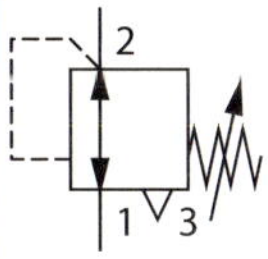

Tabelle 14.2: Symbole für den Energieversorgungsteil – Wartungseinheit

Funktion	Kommentar	Symbol
Wartungseinheit	bestehend aus Wasserabscheider, Druckluftfilter, Druckregelventil, Manometer und Druckluftöler	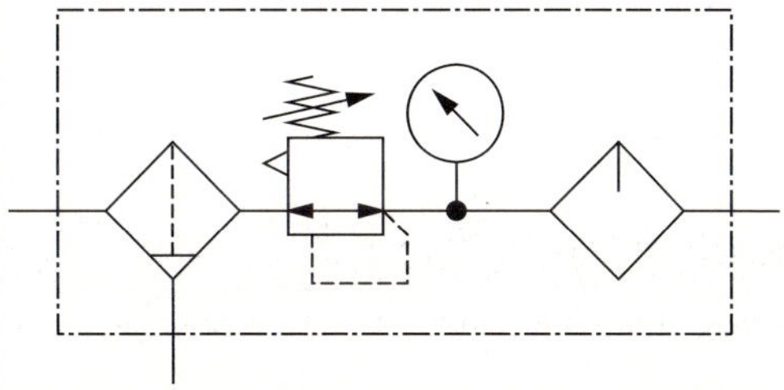
	vereinfachte Darstellung einer Wartungseinheit	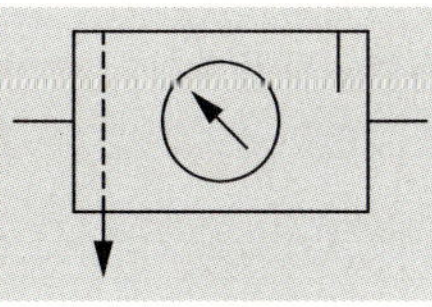
	vereinfachte Darstellung einer Wartungseinheit ohne Druckluftöler	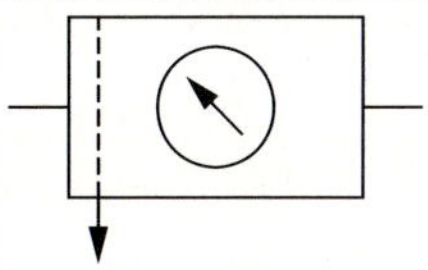

Tabelle 14.3: Symbole für den Energieversorgungsteil – Kombinierte Symbole

14.1.2 Symbole für Ventile

Die Symbole für pneumatische Ventile werden aus einem oder mehreren Quadraten zusammengesetzt.

Funktion	Symbol
Schaltstellungen werden als Quadrat dargestellt	
Die Anzahl der Quadrate entspricht der Anzahl der Schaltstellungen	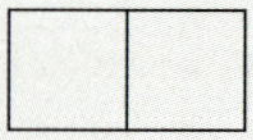
Linien geben Durchflusswege an, Pfeile zeigen die Durchflussrichtung	
Gesperrte Anschlüsse werden durch zwei im rechten Winkel zueinander gezeichnete Linien dargestellt	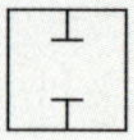
Anschlussleitungen für Zu- und Abluft werden außen an ein Quadrat gezeichnet	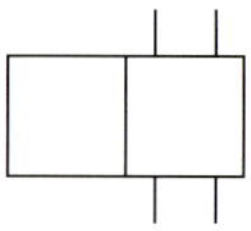

Tabelle 14.4: Bausteine für Ventilsymbole

14.1.3 Symbole für Wegeventile

Im Symbol eines Wegeventils werden die Anschlüsse, die Schaltstellungen und der Durchflussweg dargestellt. Bei einem elektrisch betätigten Wegeventil werden die Anschlüsse an die Schaltstellung gezeichnet, die das Ventil einnimmt, wenn die elektrische Energieversorgung abgeschaltet ist.

Funktion	Symbol
1. Ziffer: Anzahl der Anschlüsse 2. Ziffer: Anzahl der Schaltstellungen	
2/2-Wegeventil in Durchflussstellung	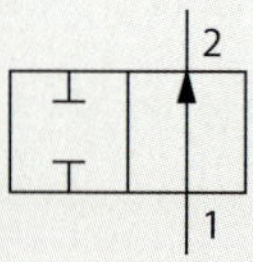
3/2-Wegeventil in Sperrstellung	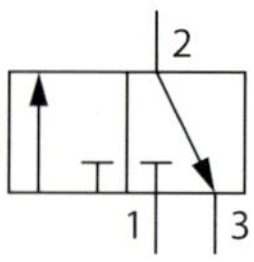

Tabelle 14.5: Wegeventile – Anschlüsse und Schaltstellungen

Funktion	Symbol
1. Ziffer: Anzahl der Anschlüsse 2. Ziffer: Anzahl der Schaltstellungen	
3/2-Wegeventil in Durchflussstellung	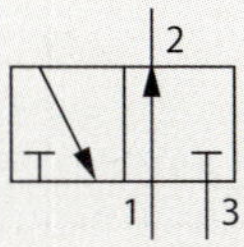
4/2-Wegeventil, Durchfluss von 1 nach 2 und von 4 nach 3	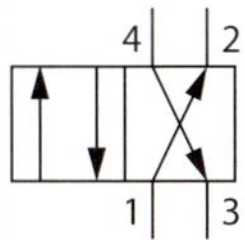
5/2-Wegeventil, Durchfluss von 1 nach 2 und von 4 nach 5	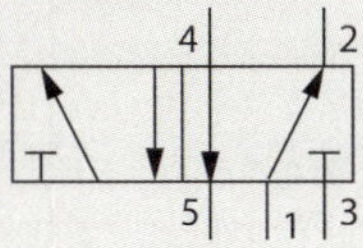
5/3-Wegeventil in Mittelstellung gesperrt	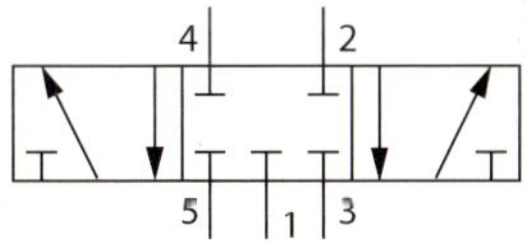

Tabelle 14.6: Wegeventile – Anschlüsse und Schaltstellungen (Fortsetzung)

Kennzeichnung der Anschlüsse und Betätigungen bei Wegeventilen

Um eine falsche Verschlauchung von Wegeventilen zu vermeiden, werden die Ventilanschlüsse sowohl am Ventil selbst als auch im Schaltplan nach ISO 5599-3 gekennzeichnet. Bei druckluftgestützter Betätigung wird die Auswirkung der Betätigung im Schaltplan entweder an der entsprechenden Steuerleitung oder, bei Ventilen mit interner Steuerluftversorgung, neben dem Betätigungssymbol dargestellt.

	Funktion	Bezeichnung
Arbeitsleitungen (alle Ventiltypen)	Druckluftanschluss Verbraucheranschlüsse Abluftanschlüsse	1 2, 4 3, 5
Steuerleitungen/Betätigung bei vorgesteuerten oder druckluftbetätigten Wegeventilen	Sperren des Druckluftanschlusses Verbindung der Anschlüsse 1 und 2 Verbindung der Anschlüsse 1 und 4 Abluftanschlüsse der Steuerluft	10 12 14 82, 84

Tabelle 14.7: Kennzeichnung der Arbeits- und Steuerleitungen bei Wegeventilen

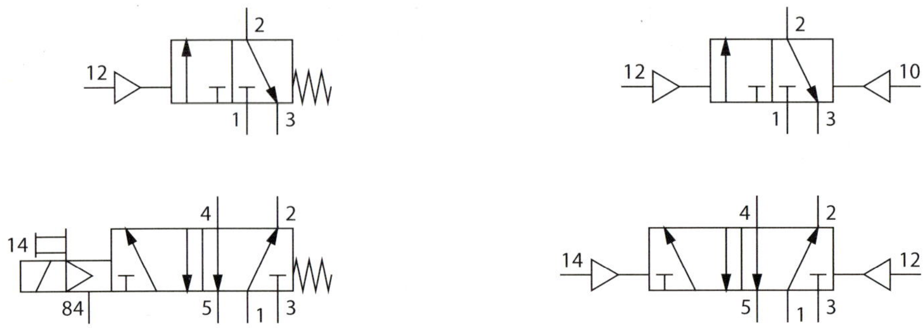

Bild 14.1: Beispiele für Bezeichnungen

Betätigungsarten bei Wegeventilen

Zur vollständigen Darstellung eines Wegeventils im pneumatischen Schaltplan gehören:

- die Grundbetätigungsart des Ventils
- die Rückstellung
- die Vorsteuerung (falls vorhanden)
- zusätzliche Betätigungen (z. B. Handhilfsbetätigung, falls vorhanden)

Jedes Betätigungssymbol wird auf der Seite der Schaltstellungen eingezeichnet, die seiner Wirkrichtung entspricht.

Die Betätigungsart der Wegeventile hängt von den Systemanforderungen ab. Betätigungsarten können sein:

- muskelkraftbetätigt
- mechanisch betätigt
- druckluftbetätigt
- elektrisch betätigt
- Kombinationen von Betätigungsarten

Funktion	Symbol
durch Drücken	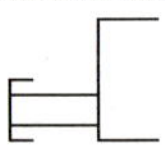
durch Ziehen	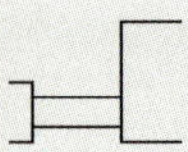

Tabelle 14.8: Betätigungsarten bei Wegeventilen – Muskelkraft Betätigung

Funktion	Symbol
durch Feder	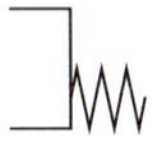
Federzentriert	

Tabelle 14.9: Betätigungsarten bei Wegeventilen – Mechanische Rückstellung

Funktion	Symbol
durch einen Elektromagnet	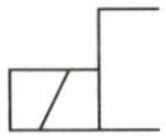
durch zwei Elektromagneten	
vorgesteuertes Ventil, beidseitig elektromagnetisch betätigt, Handhilfsbetätigung	

Tabelle 14.10: Betätigungsarten bei Wegeventilen – Elektrische Betätigung, kombinierte Betätigung

14.1.4 Symbole für Rückschlagventile, Drosselventile und Schnellentlüftungsventile

Rückschlagventile bestimmen die Durchflussrichtung, Drosselventile die Durchflussmenge in einer pneumatischen Steuerung. Mit Schnellentlüftungsventilen lassen sich bei pneumatischen Antrieben besonders hohe Bewegungsgeschwindigkeiten erzielen, da die Druckluft nahezu ungedrosselt entweichen kann.

Funktion	Symbol
Rückschlagventil	
Rückschlagventil, federbelastet	
Drosselventil, einstellbar	

Tabelle 14.11: Symbole für Rückschlagventile, Drosselventile und Schnellentlüftungsventil

Funktion	Symbol
Drossel-Rückschlagventil, einstellbar	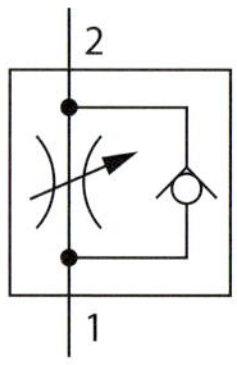
Schnellentlüftungsventil	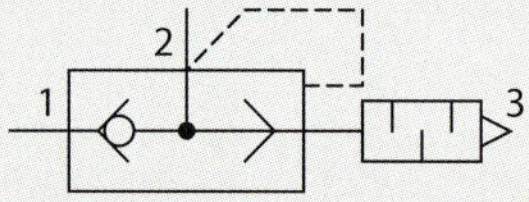
Zweidruckventil	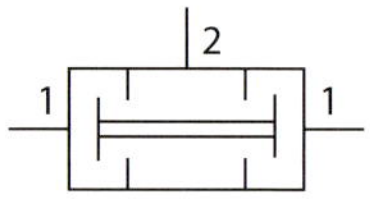
Wechselventil	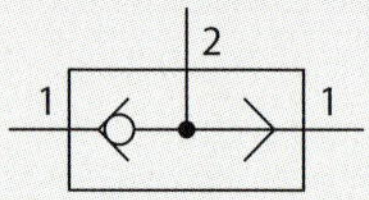

Tabelle 14.12: Symbole für Schnellentlüftungsventil, Zweidruckventil und Wechselventil

14.1.5 Symbole für Druckventile

Die Druckventile werden verwendet:

- um einen Druck konstant zu halten (Druckregelventil)
- um druckabhängig umzuschalten (Druckschaltventil)

In einer elektropneumatischen Steuerung kann statt eines Druckschaltventils auch ein Wegeventil eingesetzt werden, das abhängig vom Signal eines Druckschalters bzw. Drucksensors betätigt wird.

Funktion	Symbol
Einstellbares Druckregelventil ohne Entlastungsöffnung	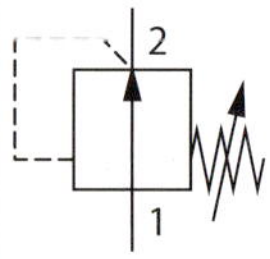
Einstellbares Druckregelventil mit Entlastungsöffnung	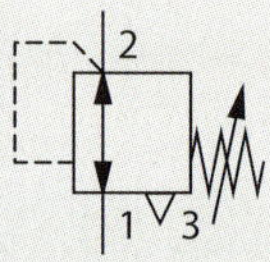

Tabelle 14.13: Symbole für Druckventile

Funktion	Symbol
Druckschaltventil mit äußerer Zuleitung	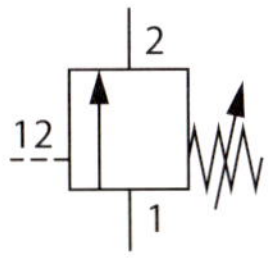
Druckbegrenzungsventil	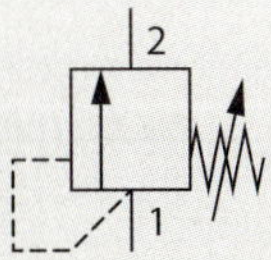
Druckschaltventil (Kombination)	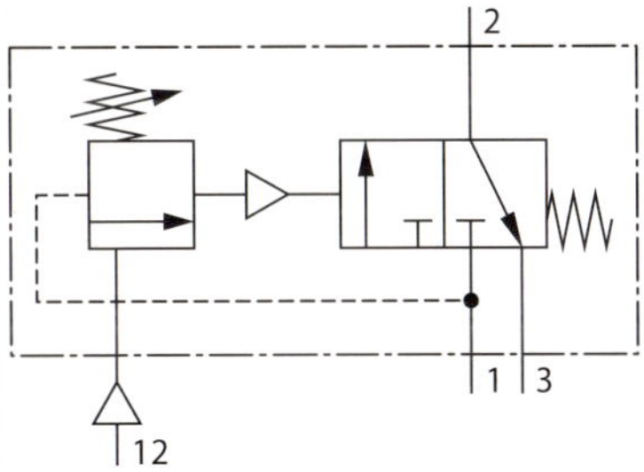

Tabelle 14.14: Symbole für Druckventile (Fortsetzung)

14.1.6 Symbole für Arbeitselemente

In elektropneumatischen Steuerungen werden folgende Arbeitselemente eingesetzt:

- Pneumatikzylinder für Linearbewegungen (einfachwirkende Zylinder, doppeltwirkende Zylinder, kolbenstangenlose Zylinder usw.)
- Schwenkzylinder
- Motoren für kontinuierliche Drehbewegungen (z. B. Lamellenmotor für Druckluftschrauber)
- Vakuumsauger

Funktion	Kommentar	Symbol
Einfachwirkender Zylinder	Ausfahren durch pneumatische Energie. Einfahren durch Rückstellfeder.	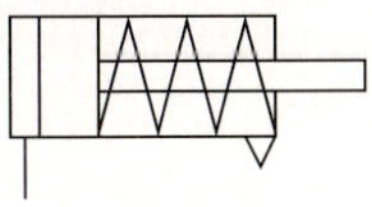
Doppeltwirkender Zylinder	Aus- und Einfahren durch pneumatische Energie.	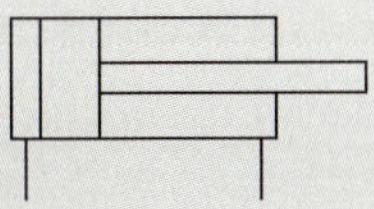

Tabelle 14.15: Symbole für pneumatische Arbeitselemente

Funktion	Kommentar	Symbol
Doppeltwirkender Zylinder	Einstellbare Endlagendämpfung für Vor- und Rückhub.	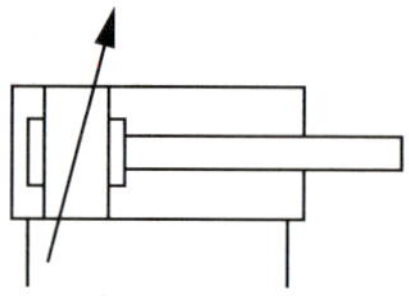
Doppeltwirkender Zylinder mit Klemmeinheit	Klemmeinheit mechanisch mit pneumatischer Entriegelung.	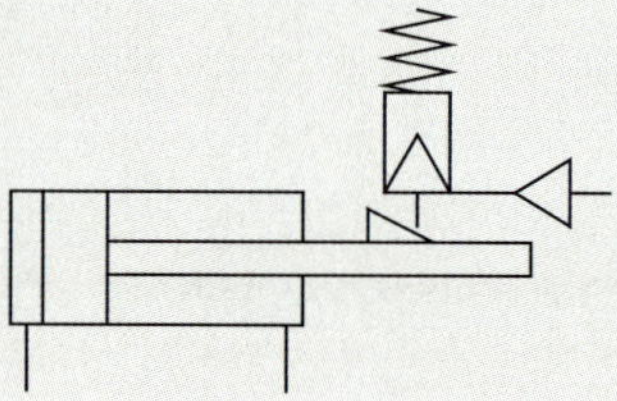
Doppeltwirkender Zylinder mit hydraulischem Schleppzylinder	Zylinder wird pneumatisch gesteuert. Der hydraulische Schleppzylinder sorgt für gleichmäßige Bewegung.	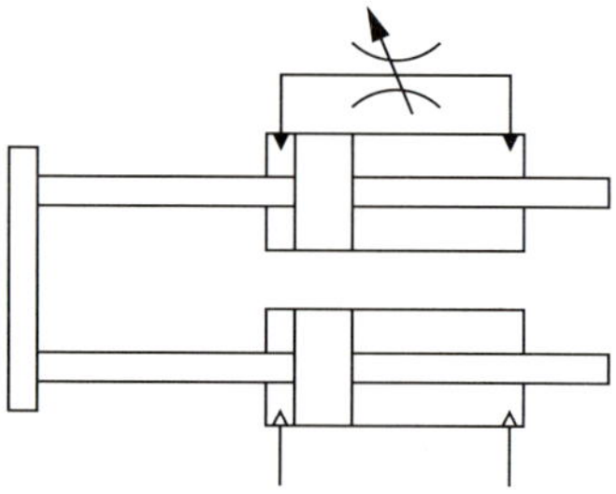
Kolbenstangenloser Zylinder mit einstellbarer Endlagendämpfung	In der Regel Zylinder mit großen Hublängen. Kraftübertragung durch Permanentmagnet.	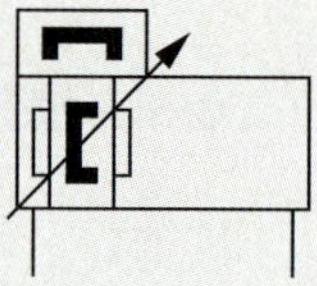
Kolbenstangenloser Zylinder mit einstellbarer Endlagendämpfung	Kraftübertragung mechanisch, Dichtband-Zylinder	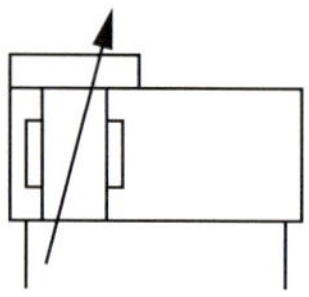
Kolbenstangenloser Zylinder mit einstellbarer Endlagendämpfung	Kraftübertragung mechanisch, Seil-/Bandausführung.	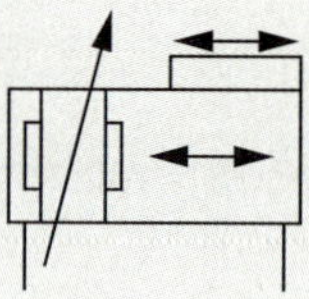
Doppeltwirkender pneumatischer Greifer		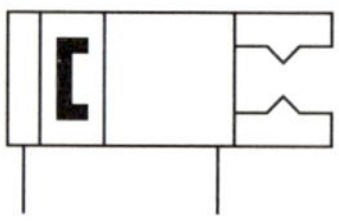

Tabelle 14.16: Symbole für pneumatische Arbeitselemente (Fortsetzung)

Funktion	Kommentar	Symbol
Schwenkantrieb, pneumatisch	Rotierender Antrieb mit begrenztem Schwenkbereich.	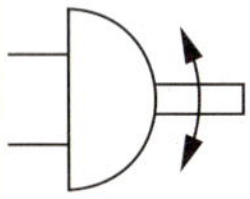
Druckluftmotor	Druckluftmotor mit konstantem Schluckvolumen und einer Drehrichtung.	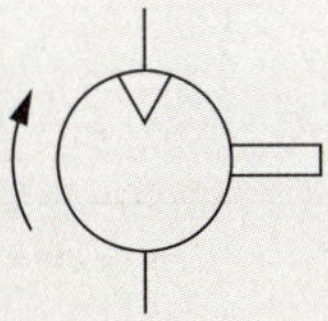
Druckluftmotor	Pneumatikmotor mit zwei Drehrichtungen.	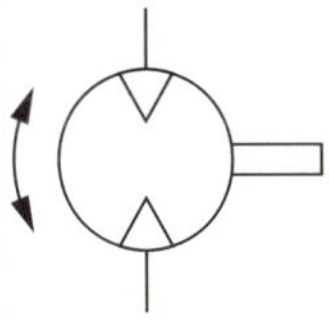
Vakuumsaugdüse	Vakuumeingang durch Ejektor.	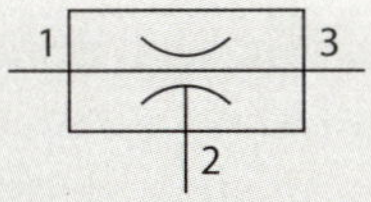

Tabelle 14.17: Symbole für pneumatische Arbeitselemente (Fortsetzung)

14.1.7 Symbole für weitere Bauelemente

Funktion	Symbol
Auslassöffnung ohne Vorrichtung für einen Anschluss	
Auslassöffnung mit Vorrichtung für einen Anschluss	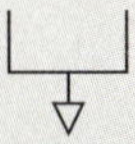
Schalldämpfer	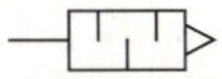
Leitungsverbindung	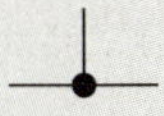
Leitungskreuzung	
Druckmessgerät (Manometer)	
Optische Anzeige	

Tabelle 14.18: Symbole für weitere pneumatische und elektropneumatische Bauelemente

Funktion	Symbol
Elektromechanischer Druckschalter (P/E-Wandler)	
Elektronisch einstellbarer Druckschalter, Ausgangssignal schaltend	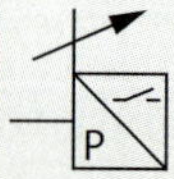
Drucksensor, analoges elektrisches Ausgangssignal	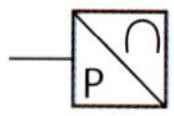

Tabelle 14.19: Symbole für weitere pneumatische und elektropneumatische Bauelemente

14.2 Schaltzeichen für elektrische Bauelemente

Im Stromlaufplan werden die Bauelemente durch Schaltzeichen dargestellt, die nach DIN EN 60617 genormt sind. Schaltzeichen zur Darstellung elektrischer Bauelemente, die in elektropneumatischen Steuerungen häufig Verwendung finden, sind in Tabelle 14.20 bis Tabelle 14.28 zusammengefasst.

14.2.1 Schaltzeichen für Grundfunktionen

Funktion	Schaltzeichen
Gleichspannung, Gleichstrom	
Wechselspannung, Wechselstrom	
Gleichrichter (Netzanschlussgerät)	
Leuchtmelder	
Dauermagnet	
Widerstand, allgemein	
Spule (Induktivität)	
Kondensator	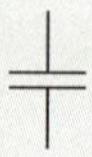
Erdung, allgemein	

Tabelle 14.20: Elektrische Schaltzeichen – Grundfunktionen

	Schaltzeichen Grundfunktion	Schaltzeichen Funktion mit selbsttätigem Rückgang	Schaltzeichen Funktion ohne selbsttätigem Rückgang
Schließer			
Öffner	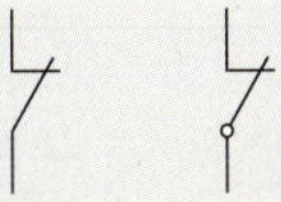		
Wechsler	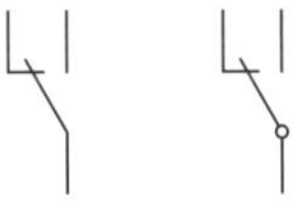		

Tabelle 14.21: Schaltzeichen für Schaltglieder – Grundfunktionen

Funktion	Schaltzeichen verzögerte Betätigung	Schaltzeichen verzögerter Rückfall	Schaltzeichen verzögerte Betätigung und verzögerter Rückfall
Schließer			
Öffner			

Tabelle 14.22: Schaltzeichen für Schaltglieder – Verzögerte Betätigung

Funktion	Schaltzeichen Tastschalter	Schaltzeichen Stellschalter
Schließer, handbetätigt	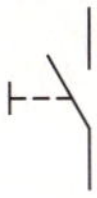	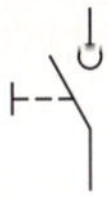
Schließer, handbetätigt durch Drücken	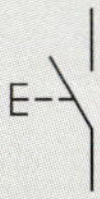	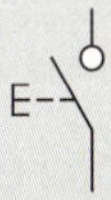

Tabelle 14.23: Schaltzeichen für handbetätigte Schaltglieder

Funktion	Schaltzeichen Tastschalter	Schaltzeichen Stellschalter
Öffner, handbetätigt durch Ziehen	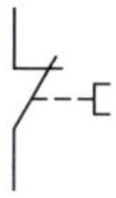	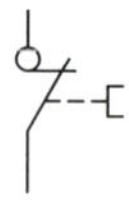
Schließer, handbetätigt durch Drehen	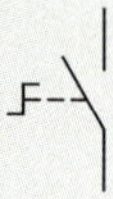	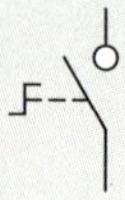

Tabelle 14.24: Schaltzeichen für handbetätigte Schaltglieder (Fortsetzung)

14.2.2 Schaltzeichen für elektromechanische Antriebe

Funktion	Schaltzeichen
Elektromechanischer Antrieb, allgemein	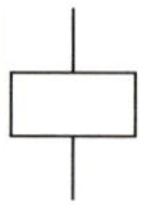 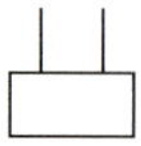
Elektromechanischer Antrieb mit zwei gleichsinnig wirkenden Wicklungen	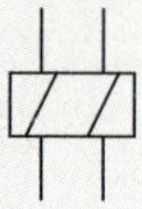 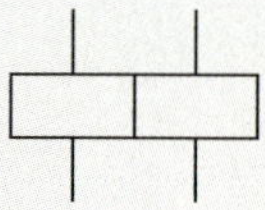
Elektromechanischer Antrieb mit zwei gegensinnig wirkenden Wicklungen	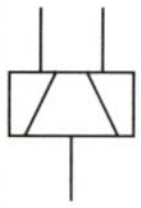 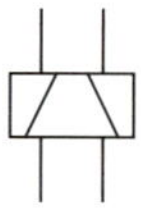
Elektromechanischer Antrieb mit Anzugsverzögerung	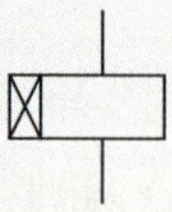
Elektromechanischer Antrieb mit Abfallverzögerung	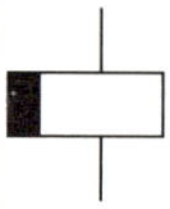
Elektromechanischer Antrieb mit Anzugs- und Abfallverzögerung	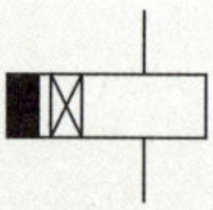 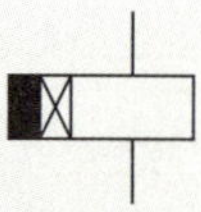

Tabelle 14.25: Schaltzeichen für elektromechanische Antriebe

Funktion	Schaltzeichen
Elektromechanischer Antrieb eines Wechselstromrelais	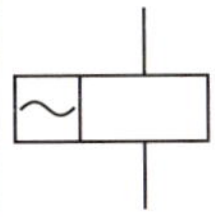
Elektromechanischer Antrieb eines Remanenzrelais	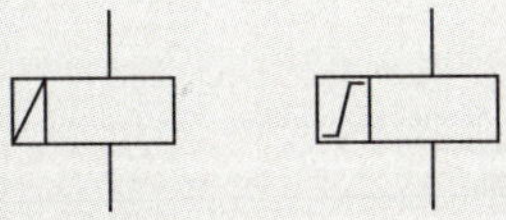
Elektromechanischer Antrieb eines Wegeventils	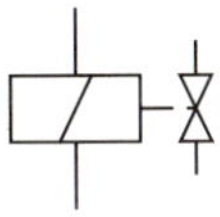

Tabelle 14.26: Schaltzeichen für elektromechanische Antriebe (Fortsetzung)

14.2.3 Schaltzeichen für Relais und Schütze

Funktion	Schaltzeichen
Relais mit drei Schließern und einem Öffner	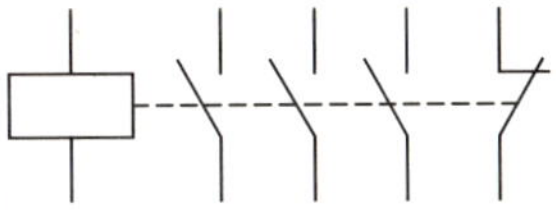
Relais mit Abfallverzögerung	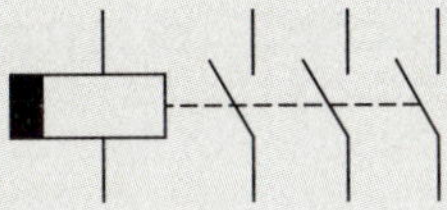
Relais mit Anzugsverzögerung	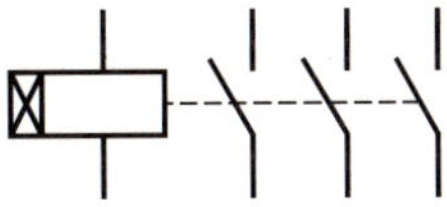
Remanenzrelais wird an den mit * gekennzeichneten Wicklungsanschluss eine Spannung gelegt, so erfolgt die Kontaktangabe an den mit * gekennzeichneten Stellen der Schaltglieder	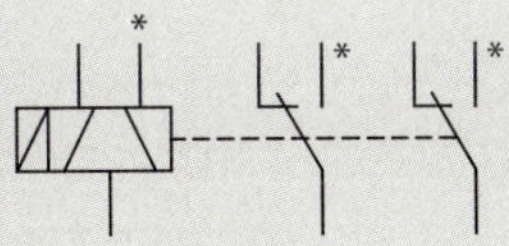
Blinkrelais	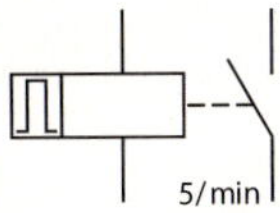
Schütz mit einem Öffner und einem Schließer	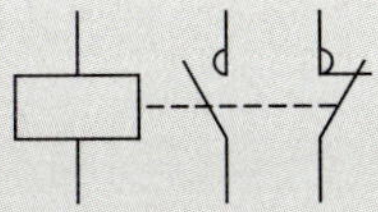

Tabelle 14.27: Schaltzeichen für Relais und Schütze (zusammenhängende Darstellung)

14.2.4 Schaltzeichen für Sensoren

Funktion	Schaltzeichen
Grenztaster, Schließer	
Grenztaster, Öffner	
Näherungssensor, näherungsempfindliche Einrichtung	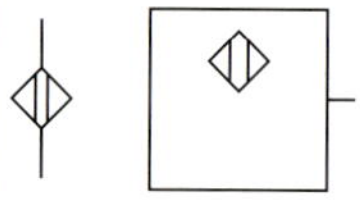
Näherungsschalter (Schließer), betätigt durch Magnet	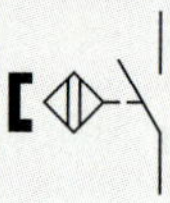
Näherungsschalter, induktiv	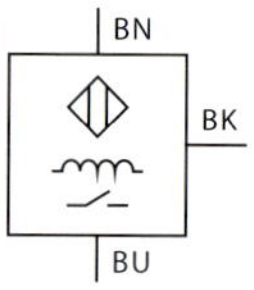
Näherungsschalter, optisch	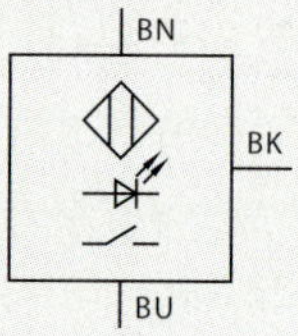
Näherungsschalter, kapazitiv	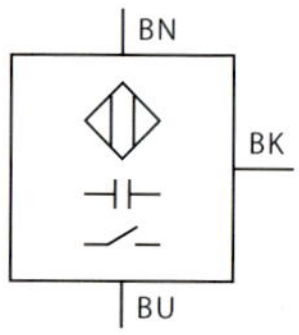
Druckschalter, elektromechanisch	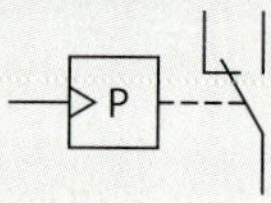
Druckschalter, elektronisch	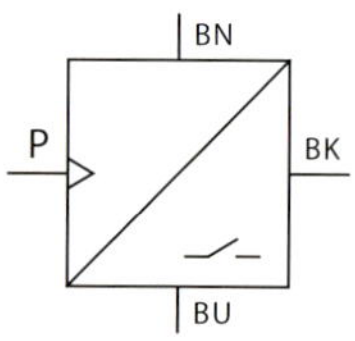

Tabelle 14.28: Schaltzeichen für Sensoren

Normen

DIN 1343
Referenzzustand, Normzustand, Normvolumen – Begriffe und Werte; Januar 1990

DIN EN 60073
Grund- und Sicherheitsregeln für die Mensch-Maschine-Schnittstelle, Kennzeichnung – Codierungsgrundsätze für Anzeigengeräte und Bedienteile; Mai 2003

DIN EN 60204, Teil 1
Sicherheit von Maschinen – Elektrische Ausrüstung von Maschinen: Allgemeine Anforderungen; Juni 2007

DIN EN 60529
Schutzarten durch Gehäuse (IP-Code); September 2000

DIN EN 60617
Graphische Symbole für Schaltpläne, Teil 2 bis Teil 8; August 1997

DIN EN 60848
GRAFCET – Spezifikationssprache für Funktionspläne der Ablaufsteuerung; Dezember 2002

DIN EN 61082, Teil 1
Dokumente der Elektrotechnik – Regeln; März 2007

DIN EN 81346-2
Industrielle Systeme, Anlagen und Ausrüstungen und Industrieprodukte; Strukturierungsprinzipien und Referenzkennzeichnung – Klassifizierung von Objekten und Kodierung von Klassen; Dezember 2000

DIN ISO 1219, Teil 1
Fluidtechnik – Graphische Symbole und Schaltpläne, Graphische Symbole; Dezember 2007

DIN ISO 1219, Teil 2
Fluidtechnik – Graphische Symbole und Schaltpläne, Schaltpläne; November 1996

DIN VDE 0100
Errichten von Niederspannungsanlagen – Anwendungsbereich, Zweck und Grundsätze; August 2002

Stichwortverzeichnis